高等院校应用型设计教育规划教材
HIGHER EDUCATION SCHOOL APPLICABLE DESIGN TEXTBOOKS

画法几何
GEOMETRY OF DRAWING

画法几何
GEOMETRY OF DRAWING

阮五洲 张 宝 编著

阮五洲 等编著
Ruan Wu-Zhou.etal

合肥工业大学出版社
HEFEI UNIVERSITY OF TECHNOLOGY PRESS

合肥工业大学出版社
HEFEI UNIVERSITY OF TECHNOLOGY PRESS

图书在版编目数据
C I P ACCESS

内容提要

本书注重基础知识，对基础知识重点讲、详细讲；通俗易懂，用简单图例讲解作图原理与方法，图例由浅入深，作图步骤简明而清晰，给自学者带来方便。本书旨在培养人们的空间想象力和空间构思能力，培养人们的读图能力，培养人们的工程素质。全书共分6章，主要包括绪论，点、线、面的投影，投影变换，曲线曲面，立体，轴测投影等内容。本书可作为高职、三本、二本院校建筑学、城市规划、风景园林建筑、室内设计、环境艺术及工业造型设计、媒体艺术设计、动画设计、服装设计与工程等专业开设“画法几何”课程的教材，也可作为从事建筑设计、产品外形及包装设计和美术工作者的自学参考书。

图书在版编目（CIP）数据

画法几何/阮五洲等编著.—合肥：合肥工业大学出版社，2009.5

高等院校应用型设计教育规划教材

ISBN 978-7-81093-928-7

Ⅰ.画… Ⅱ.阮… Ⅲ.画法几何-高等学校-教材 Ⅳ.0185.2

中国版本图书馆CIP数据核字（2009）第060560号

画法几何
DEOMETRY OF DRAWING

画 法 几 何

编　著	阮五洲　张宝
责任编辑	方立松
封面设计	刘葶葶
内文设计	陶霏霏
技术编辑	程玉平
书　名	高等院校应用型设计教育规划教材——画法几何
出　版	合肥工业大学出版社
地　址	合肥市屯溪路193号
邮　编	230009
网　址	www.hfutpress.com.cn
发　行	全国新华书店
印　刷	安徽辉隆农资集团瑞隆印务有限公司
开　本	889mm × 1092mm　1/16
总印张	12
总字数	240千字
版　次	2009年9月第1版
印　次	2009年9月第1次印刷
标准书号	ISBN 978-7-81093-928-7
定　价	30.00元（含习题集、教学光盘一张）
发行部电话	0551-2903188

编撰委员会

参编院校

排名不分先后

江南大学	南京艺术学院
苏州大学	南京师范大学
南京财经大学	徐州师范大学
常州工学院	太湖学院
盐城工学院	三江学院
南京交通职业技术学院	江苏信息职业技术学院
无锡南洋职业技术学院	苏州科技学院
常州纺织服装职业技术学院	苏州工艺美术职业技术学院
苏州经贸职业技术学院	东华大学
上海科学技术职业学院	武汉理工大学
华中科技大学	湖北美术学院
湖北大学	武汉工程大学
武汉工学院	江汉大学
湖北经济学院	重庆大学
四川师范大学	青岛大学
青岛科技大学	青岛理工大学
山东商业职业学院	山东青年干部职业技术学院
山东工业职业技术学院	青岛酒店管理职业技术学院
湖南工业大学	湖南师范大学
湖南城市学院	吉首大学
湖南邵阳职业技术学院	郑州轻工学院
河南工业大学	河南科技学院
河南财经学院	南阳学院
西安工业大学	陕西科技大学
咸阳师范学院	宝鸡文理学院
渭南师范大学	北京服装学院

参 编 院 校

排名不分先后

首都师范大学	北京联合大学
浙江工业大学	中国计量学院
浙江财经学院	浙江万里学院
浙江纺织服装职业技术学院	丽水职业技术学院
江西财经大学	江西农业大学
南昌工程学院	南昌航空航天大学
南昌理工学院	肇庆学院
肇庆工商职业学院	肇庆科技职业技术学院
江西现代职业技术学院	江西工业职业技术学院
江西服装职业技术学院	景德镇高等专科学校
江西民政学院	南昌师范高等专科学校
江西电力职业技术学院	广州城市建设学院
番禺职业技术学院	罗定职业技术学院
广州市政高专	合肥工业大学
安徽工程科技学院	安徽大学
安徽师范大学	安徽建筑工业学院
安徽农业大学	淮北煤炭师范学院
巢湖学院	皖江学院
新华学院	池州学院
合肥师范学院	铜陵学院
皖西学院	蚌埠学院
安徽艺术职业技术学院	安徽商贸职业技术学院
滁州职业技术学院	安徽工贸职业技术学院
桂林电子科技大学	新疆大学
华侨大学	云南艺术学院

总序

目前艺术设计类教材的出版十分兴盛，任何一门课程如《平面构成》、《招贴设计》、《装饰色彩》等，都可以找到十个、二十个以上的版本。然而，常见的情形是，许多教材虽然体例结构、目录秩序有所差异，但在内容上并无不同，只是排列组合略有区别，图例更是单调雷同。从写作文本的角度考察，大都分章分节，平铺直叙，结构不外乎该门类知识的历史、分类、特征、要素，再加上名作分析、材料与技法表现等等，最后象征性地附上思考题，再配上插图。编得经典而独特，且真正可供操作的、可应用于教学实施的却少之又少。于是，所谓教材实际上只是一种讲义，学习者的学习方式只能是一般性地阅读，从根本上缺乏真实能力与设计实务的训练方法。这表明教材建设需要从根本上加以改变。

从课程实践的角度出发，一本教材的着重点应落实在一个“教”字上，注重“教”与“讲”之间的差别，让教师可教，学生可学，尤其是可以自学。它必须成为一个可供操作的文本、能够实施的纲要，它还必须具有教学参考用书的性质。

实际上不少称得上经典的教材其篇幅都不长，如康定斯基的《点线面》、伊顿的《造型与形式》、托马斯·史密特的《建筑形式的逻辑概念》等，并非长篇大论，在删除了几乎所有的关于“概念”、“分类”、“特征”的絮语之后，所剩下的就只是个人的深刻体验、个人的课题设计，从而体现出真正意义上的精华所在。而不少名家名师并没有编写过什么教材，他们只是以自己的经验作为传授的内容，以自己的风格来建构规律。

大多数国外院校的课程并无这种中国式的教材，教师上课可以开出一大堆参考书，却不编印讲义。然而他们的特点是“淡化教材，突出课题”，教师的看家本领是每上一门课都设计出一系列具有原创性的课题。围绕解题的办法，进行启发式的点拨，分析名家名作的构成，一次次地否定或肯定学生的草图，反复地讨论各种想法。外教设计的课题充满意趣以及形式生成的可能性，一经公布即能激活学生去进行尝试与探究的欲望，如同一种引起活跃思维的兴奋剂。

因此，备课不只是收集资料去编写讲义，重中之重是对课程进行有意义的课题设计，是对作业进行编排。于是，较为理想的教材的结构，可以以系列课题为主，其线索以作业编排为秩序。如包豪斯第一任基础课程的主持人伊顿在教材《设计与形态》中，避开了对一般知识的系统叙述，只是着重对他的课题与教学方法进行了阐释，如“明暗关系”、“色彩理论”、“材质和肌理的研究”、“形态的理论认识和实践”、“节奏”等。

每一个课题都具有丰富的文件，具有理论叙述与知识点介绍、资源与内容、主题与关键词、图示与案例分析、解题的方法与程序、媒介与技法表现等。课题与课题之间除了由浅入深、从简单到复杂的循序渐进，更应该将语法的演绎、手法的戏剧性、资源的趣味性及效果的多样性与超越预见性等方面作为侧重点。于是，一本教材就是一个题库。教师上课可以从中各取所需，进行多种取向的编排，进行不同类型的组合。学生除了完成规定的作业外，还可以阅读其他课题及解题方法，以补充个人的体验，完善知识结构。

从某种意义上讲，以系列课题作为教材的体例，使教材摆脱了单纯讲义的性质，从而具备了类似教程的色彩，具有可供实施的可操作性。这种体例着重于课程的实践性，课题中包括了“教学方法”的含义。它所体现的价值，就在于着重解决如何将知识转换为技能的质的变化，使教材的功能从“阅读”发展为一种“动作”，进而进行一种真正意义上的素质训练。

从这一角度而言，理想的写作方式，可以是几条线索同时发展，齐头并进，如术语解释呈现为点状样式，也可以编写出专门的词汇表；如名作解读似贯穿始终的线条状；如对名人名论的分析，对方法的论叙，对原理法则的叙述，

总序

就如同面的表达方式。这样，学习者在阅读教材时，就如同看蒙太奇镜头一般，可以连续不断，可以跳跃，更可以自己剪辑组合，根据个人的情况或需要采取多种使用方式。

艺术设计教材的编写方法，可以从与其学科性质接近的建筑学教材中得到借鉴，许多教材为我们提供了示范文本与直接启迪。如顾大庆的教材《设计与视知觉》，对有关视觉思维与形式教育问题进行了探讨，在一种缜密的思辨和引证中，提供了一个具有可操作性的教学手册。如贾倍思在教材《型与现代主义》中以"形的构造"为基点，教学程序和由此产生创造性思维的关系是教材的重点，线索由互相关联的三部分同时组成，即理论、练习与构成原理。瑞士苏黎世高等理工大学建筑学专业的教材，如同一本教学日志，对作业的安排精确到了小时的层面。在具体叙述中，它以现代主义建筑的特征发展作为参照系，对革命性的空间构成作出了详尽的解读，其贡献在于对建筑设计过程的规律性研究及对形体作为设计手段的探索。又如陈志华教授写作于20世纪70年代末的那本著名的《外国建筑史19世纪以前》，已成为这一领域不可逾越的经典之作。我们很难想象在那个资料缺乏而又思想禁锢的时期，居然有一部外国建筑史写得如此炉火纯青，30年来外国建筑史资料大批出现，赴国外留学专攻的学者也不计其数，但人们似乎已无勇气试图再去接近它或进行重写。

我们可以认为，一部教材的编撰，基本上应具备诸如逻辑性、全面性、前瞻性、实验性等几个方面的要求。逻辑性要求，包括教材内容的选择与编排具有叙述的合理性，条理清晰，秩序周密，大小概念之间的链接层次分明。虽然一些基本知识可以有多种不同的编排方法，然而不管哪种方法都应结构严谨，自成一体，都应生成一个独特的系统。最终使学习者能够建立起一种知识的网络关系，形成一种线性关系。

全面性要求，包括教材在进行相关理论阐释与知识介绍时，应体现全面性原则。固然，教材可以有教师的个人观点，但就内容而言应将各种见解与解读方式，包括自己不同意的观点，包括当时正确而后来被历史证明是错误或过时的理论，都进行尽可能真实的罗列，并同时应考虑到种种理论形成的文化背景与时代语境。

前瞻性要求，包括教材的内容、论析案例、课题作业等都应具有一定的超前性，传授知识领域的前沿发展，而不是过多表述过时或滞后的经验。学生通过阅读与练习，可以使知识产生迁延性，掌握学习的方法，获得可持续发展的动力。同时，一部教材发行后往往要使用若干年，虽然可以修订，但基本结构与内容已基本形成。因此，应预见到在若干年以内保持一定的先进性。

实验性要求，包括教材应具有某种不规定性，既成的经验、原理、规则应是一个开放的系统，是一个发展的过程，很多课题并没有确定的唯一解，应给学习者提供进行多种可能性实验的路径或多元化结果的可能性。问题、知识、方法可以显示出趣味性、戏剧性，能够激发学习者的探求欲望。它留给学习者思考的线索、探索的空间、尝试的可能及方法。

由合肥工业大学出版社出版的《高等院校应用型设计教育规划教材》，即是在当下对教材编写、出版、发行与应用情况进行反思与总结而迈出的有力一步，它试图真正使教材成为教学之本，成为课程本体的主导部分，从而在教材编写的新的起点上去推动艺术教育事业的发展。

邬烈炎

南京艺术学院设计学院院长　教授

目 录
CONTENTS

目录

前言

本书依据投影原理，运用几何抽象的方法，深入浅出地阐述图示法和图解法，为工程图样“物—图”转换提供了理论基础和基本方法。旨在培养学生的空间思维能力，锻炼并提高分析和解决空间几何问题的能力。

本书内容安排合理，方便教学，有利自学，贯彻“少而精”的原则，又考虑其理论的完整性，有些内容可根据专业需要进行取舍。全书共分6章，主要包括绪论，点、线、面的投影，投影变换，曲线曲面，立体，轴测投影等内容。

在内容分析、图例选择等方面，吸收了国内外同类教材的精华及作者多年的教学经验，紧扣原理，引导思维，由浅入深，由详到略，循序渐进，突出重点和难点。凡属容易内容，尽量简明扼要；凡属可能自学的内容则略微详细；凡属初次出现或重点难点的内容，一般附有直观图，以便学生了解空间状况，借此建立立体感；部分例题插图将已知条件和作图过程分开，有利于学生复习时再练一遍。在例题的选择和解题说明中，尽量以通用理论和作法为主，同时兼顾在实际绘图中的应用以便读者开阔思路。

本书可作为高职、三本、二本院校建筑学、城市规划、风景园林建筑、室内设计、环境艺术及工业造型设计、媒体艺术设计、动画设计、服装设计与工程等专业开设“画法几何”课程的教材，也可作为从事建筑设计、产品外形及包装设计和美术工作者的自学参考书。

本书由合肥工业大学阮五洲、张宝编著。其中第一章、第二章、第三章由阮五洲编著；第四章、第五章、第六章由张宝编著。同时我们还编著了《画法几何习题集》和本书配合使用。

本书在编著过程中还得到了合肥工业大学图学系老师们的大力支持和帮助，并提出许多宝贵意见，在此表示衷心感谢。

由于编著水平有限，书中难免存在疏漏与不足之处，恳请广大读者给予指正。

阮五洲

2009年8月

第一章　绪　论

学习目标：

掌握投影法的基本知识。

学习重点和难点：

正投影是如何形成的；常用的工程图有哪些。

第一节　画法几何学的任务

各工程领域，如建筑、机械、车辆、船舶、化工设备、各种仪表或仪器等，用语言或文字很难说清楚，都必须先画出图样，然后根据图样加工，才能得到预想的结果。图样和文字、数字一样，也是人类借以表达、构思、分析和交流思想的基本工具之一。因此，人们常说工程图样是工程界的共同语言。每一个工程技术人员，如果不能熟练掌握它，是无法胜任工程设计和科研工作的。

画法几何学为工程图样提供了基本原理和基本方法。它是研究如何在平面上图示空间物体和图解空间几何问题的一门学科。平面是二维，空间是三维，因此画法几何学也是一门研究二维和三维之间相互转换的学科。它为正确地图解空间几何问题提供了理论基础、为用平面图样完整地表达出空间工程物体提供了理论依据。

学习画法几何学的任务和目的主要有以下几点：

(1) 学习平行投影的基本理论，特别是正投影法的原理和应用；

(2) 学习用平面图形表达空间几何形体的图示法；

(3) 熟练掌握空间几何元素的定位问题和度量问题的图解法；

(4) 培养空间逻辑思维和空间想象能力；

(5) 培养耐心细致的工作作风和认真负责的工作态度。

第二节　投影法

一、投影法的基本知识

在日常生活中，当灯光或阳光照射到物体时，会在地面或墙面上产生影子。人们把这种影子现象加以抽象，总结出投影理论用以表达物体形状的方法，即：光线照射物体在选定的平面上形成影子的方法叫投影法。

投影法是画法几何的基础。

1. 中心投影

如图 1-1 所示，设空间有点光源 S、$\triangle ABC$ 和平面 P，光线照射 $\triangle ABC$ 在 P 平面上留下影子 $\triangle abc$，

我们称 S 为投射中心、P 为投影面、$\triangle ABC$ 为被投影的空间物体。上述现象可抽象为经 S 和 A、B、C 三点各作一条射线 SA、SB、SC（SA、SB、SC 称为投射线），与 P 平面分别交于 a、b、c 三点，a、b、c 三点就是空间 A、B、C 三点在 P 平面上的投影，$\triangle abc$ 就是空间 $\triangle ABC$ 在 P 平面上的投影，这些投射线都是通过投影中心所获得的投影，称为中心投影。这种获得中心投影的方法称之为中心投影法。同时规定，空间点用大写字母表示，投影点用同名称的小写字母表示。

图 1-1　中心投影

光源、被投影物和投影平面是进行投影时不可缺少的条件，通常称为投影三要素。

2. 平行投影

将中心投影法中的中心 S 移向无穷远，则投射线相互平行。这种投射线相互平行的投影方法称之为平行投影法。平行投影法所获得的投影称之为平行投影，当投射线与投影面倾斜时所获得的平行投影称之为斜投影，如图 1-3 所示；当投射线与投影面垂直时所获得的平行投影称之为正投影，如图 1-2 所示。

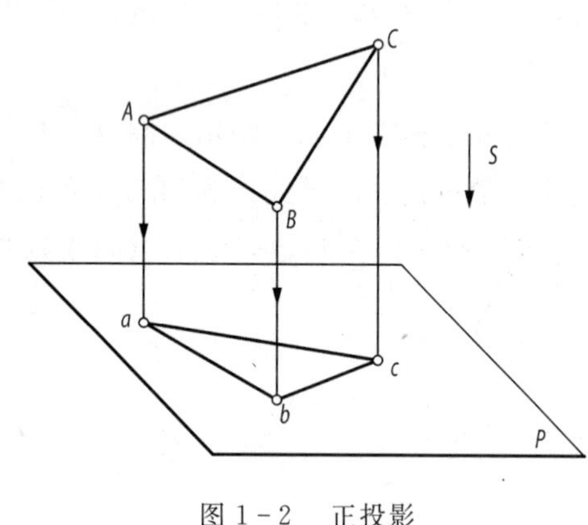

图 1-2　正投影

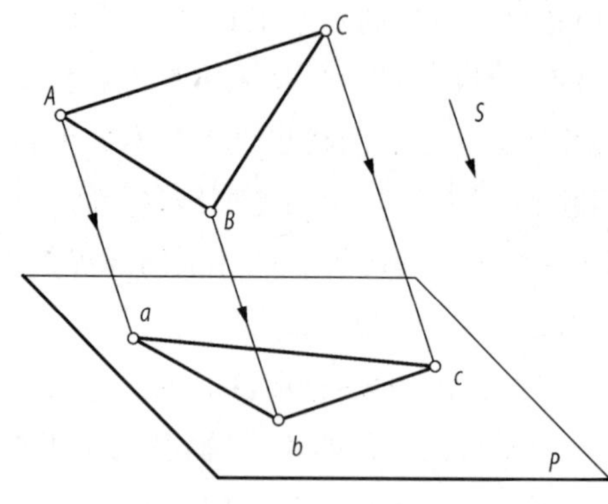

图 1-3　斜投影

二、常用工程图

1. 正投影图

正投影图是采用正投影的方法获得的多面投影图，如图 1-4 所示。由于正投影图能真实地表达空间

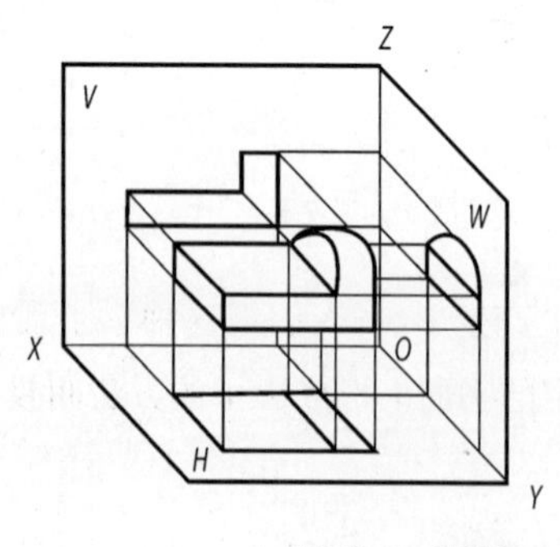

a）几何体的正投影

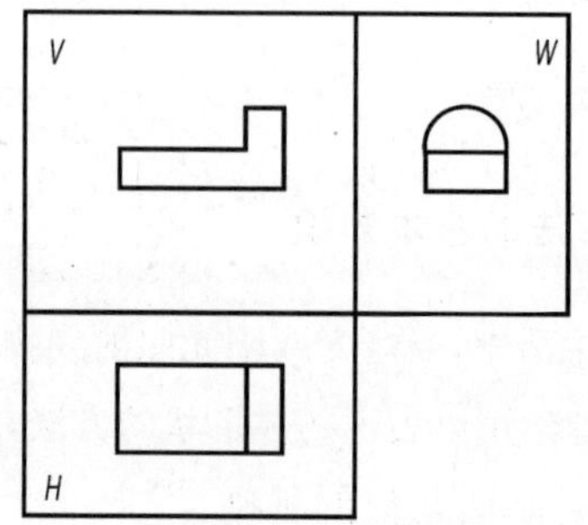

b）几何体的正投影图

图 1-4　正投影图

形体的内外部形状和结构，配以尺寸标注和其他技术要求后，完全满足了工程上的要求，因此广泛应用于机械制造、建筑、水利和其他工程部门，也是本书重点介绍的图样。

正投影图具有良好的度量性，但立体感比较差。

2. 轴测图

用平行投影法把几何形体投影到一个投影面上（几何形体与投影面的位置有一定要求）所得到的投影图称为轴测图，如图 1－5 所示。它的优点是立体感较好，但度量性差，常用作各种工程上的辅助图，以弥补正投影图直观性差的缺点。详细轴测图参见第六章。

3. 透视图

透视图是根据中心投影法绘制的，它和人的单眼实际上看到的形状极其相似，所以立体感比较强。但由于不能真实地度量出物体的大小且作图繁琐，目前多在建筑工程上使用，如图 1－6 所示。

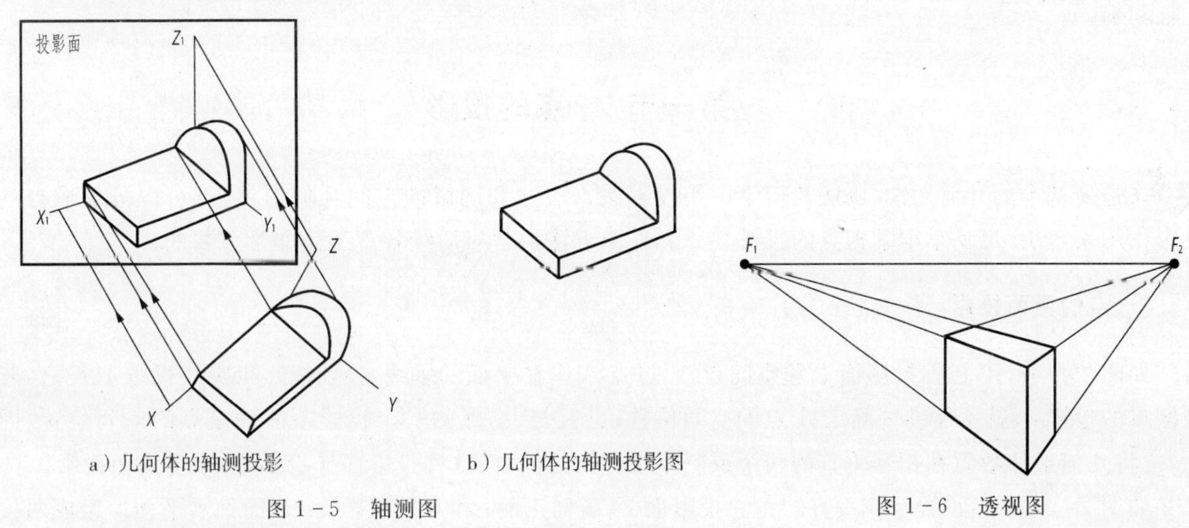

a）几何体的轴测投影　　b）几何体的轴测投影图

图 1－5　轴测图　　图 1－6　透视图

4. 标高投影图

用正投影将物体与若干等间距水平截面的交线投影在一个水平面上并标出等高线的图样，称为标高投影图。这种图常用在地图和土建工程中，用以表示地形和土工结构，如图 1－7 所示。

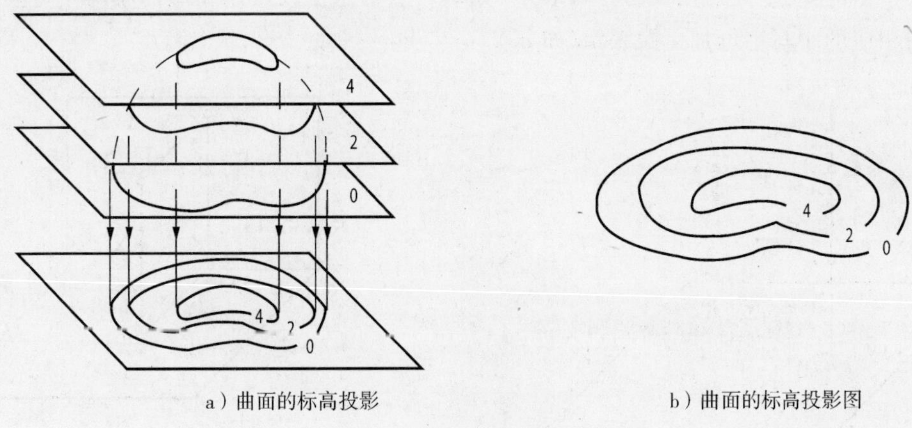

a）曲面的标高投影　　b）曲面的标高投影图

图 1－7　标高投影图

第二章　点、直线、平面的投影

学习目标：

掌握点、直线和平面的投影规律和作图方法。

学习重点和难点：

点、直线和平面的投影规律；垂直两直线及点与直线的度量、定位问题；最大斜度线；两平面相交及可见性判别。

第一节　点的投影

点是最基本的几何元素，画法几何学中用投影法来表达和图解的空间几何形体，都可以分解成点的投影作图来解决。可见牢牢掌握点的投影规律和作图方法对学习后续各章节是非常重要的。

一、点的两面投影

如图 2-1 所示，已知投影面 P 和空间点 A，过点 A 作 P 平面的垂线（投射线），得唯一投影 a。反之，若已知点的投影 a，就不能唯一确定 A 点的空间位置。也就是说，点的一个投影不能确定点的空间位置。因此，常将几何形体放置在相互垂直的两个或三个投影面之间，向这些投影面作投影，形成多面正投影。

如图 2-2 所示，设置互相垂直的正立投影面 V（简称正面）和水平投影面 H（简称水平面），组成两投影面体系。两投影面的交线 OX 称为投影轴（简称 OX 轴）。

投影产生的过程是：从 A 点分别向 H 面、V 面作垂线（投射线），其垂足就是点 A 的水平投影 a 和正面投影 a'。由于 $Aa' \perp V$、$Aa \perp H$，故平面 $Aaa' \perp OX$ 并交 OX 轴于 a_X 点，因此，$a'a_X \perp OX$、$aa_X \perp OX$。

需要强调指出的是：空间点用大写字母表示（如 A），点的水平投影用相应的小写字母表示（如 a），点的正面投影用相应的小写字母加一撇表示（如 a'）。

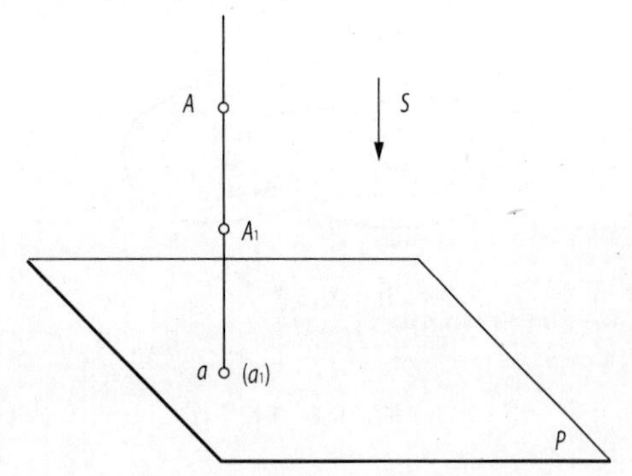

图 2-1　点的单面投影及其空间位置关系

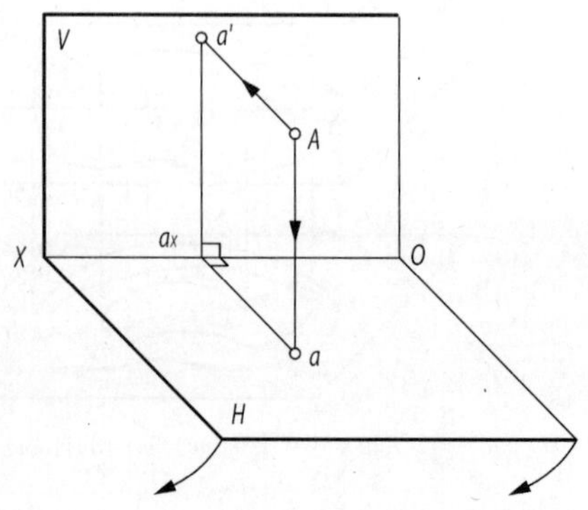

图 2-2　点在 V、H 两面体系中的投影

上述投影 a、a' 分别在 H 面、V 面上，为使这两个投影画在一个平面上，规定：V 面不动，将 H 面绕 OX 轴、按如图 2-2 所示箭头的方向，向下旋转 90° 与 V 面重合，如图 2-3 所示。由于投影面是无限的，故在投影图上不画出它的边框线，这样便得到如图 2-4 所示的点的两面投影图。

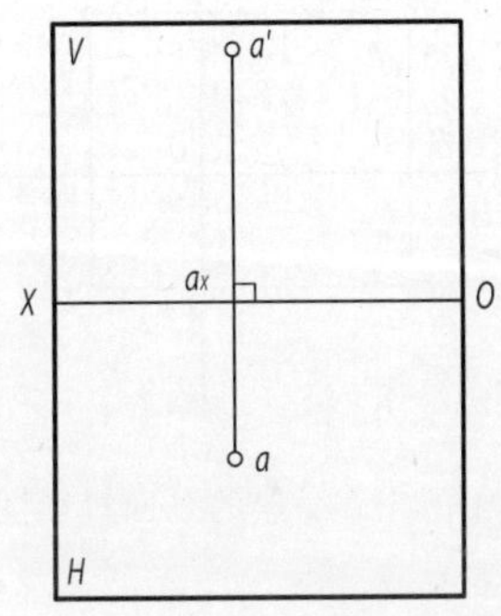

图 2-3　V、H 投影面展开

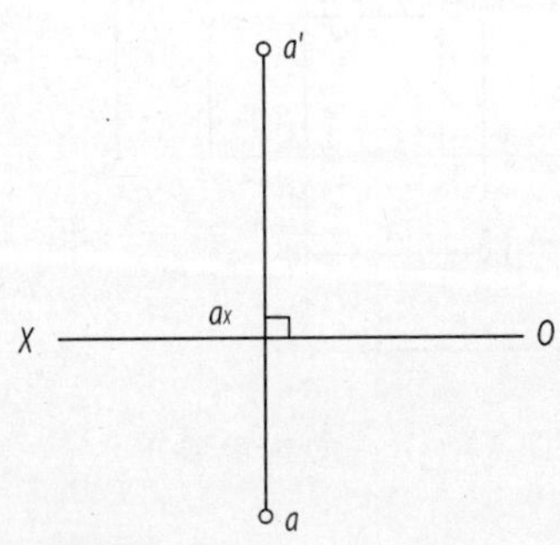

图 2-4　点的两面投影图

根据几何常识，投影面展开后 aa' 形成一条投影连线（交 OX 轴于点 a_X），且 $aa' \perp OX$ 轴。并且，$a'a_X = Aa$，反映点 A 到 H 面的距离；$aa_X = Aa'$，反映点 A 到 V 面的距离。

由此可概括出点的两面投影特性：

(1) 点的水平投影与正面投影的连线垂直于 OX 轴，即：$aa' \perp OX$；

(2) 点的正面投影到 OX 轴的距离等于点到 H 面的距离，点的水平投影到 OX 轴的距离等于点到 V 面的距离，即：$a'a_X = Aa$，$aa_X = Aa'$。

已知一点的两面投影，就可以唯一确定该点的空间位置。可以想象，若将图 2-4 中 OX 轴以下的 H 面向上旋转 90°，由 a 作 H 面的垂线，由 a' 作 V 面的垂线，两垂线的交点，即可得到空间点 A 的唯一位置。

二、点的三面投影

虽然点的两面投影能确定点的空间位置，但为了更清晰地图示某些几何形体，通常在两投影面体系的基础上，再设立一个与 V 面、H 面都垂直的侧立投影面 W（简称侧面），如图 2-5 所示。三个投影面之间的交线，即三条投影轴 OX、OY、OZ 必定相互垂直并交于 O 点，形成三投影面体系。

在两面投影的基础上，规定点的侧面（W 面）投影用空间点的相应小写字母加两撇表示。如图 2-5 所示，侧面投影产生的过程是：从 A 向 W 面作投射线（垂线），垂足即为 A 点的侧面投影，记作 a''。

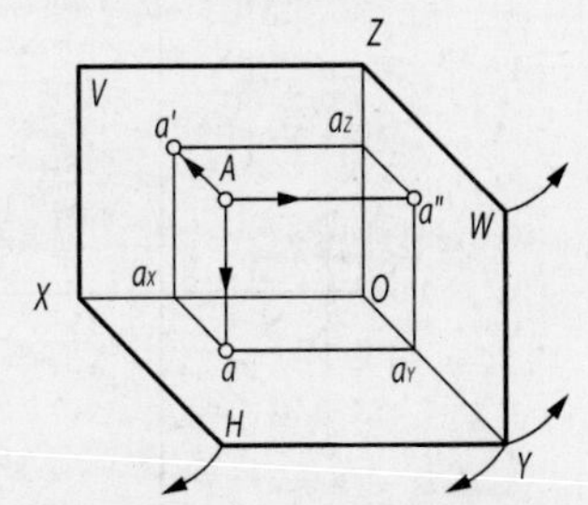

图 2-5　点在 V、H、W 三面投影体系中的投影

为了使三个投影 a、a'、a'' 画在一个平面上，可以将 W 面绕 OZ 轴向右旋转 90°，这样，H 面、W 面与 V 面就在同一个平面上，如图 2-6 所示。投影轴 OY 随 H 面和 W 面按如图2-5 所示的箭头方向各旋转一次，分别用 Y_H 和 Y_W 表示。

去掉线框，得到空间点 A 在三投影面体系中的投影（a，a'，a''），如图 2-7 所示。在投影图中，OY 轴上

的点 a_Y 因展开而分成 a_{YH}、a_{YW}。为了方便作图，可过 O 点作一条 45° 的辅助线，aa_{YH}、$a''a_{YW}$ 的延长线必与该辅助线相交于一点。

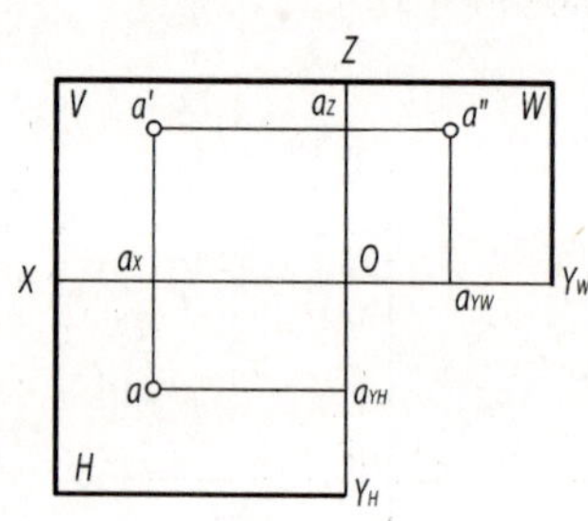

图 2-6　三投影面展开

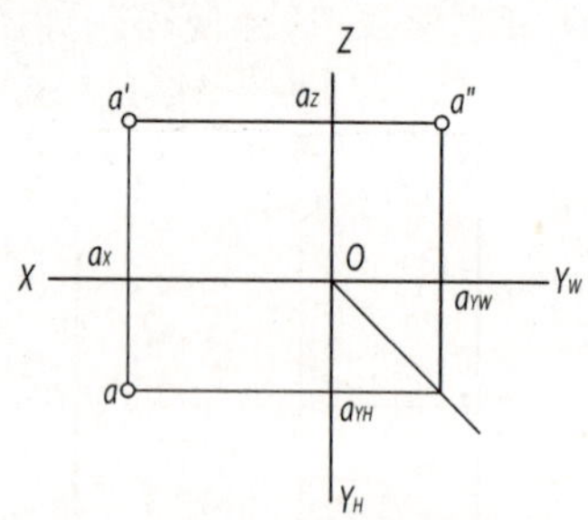

图 2-7　点的三面投影图

展开后 $a'a''$ 形成一条投影连线，且 $a'a'' \perp OZ$ 轴；$a'a_X = a''a_{YW} = Aa$（点 A 到 H 面的距离）；$a'a_Z = aa_{YH} = Aa''$（点 A 到 W 面的距离）；$a''a_Z = aa_X = Aa'$（点 A 到 V 面的距离）。

由此可概括出点的三面投影规律：

(1) 点的两面投影的连线垂直于相应的投影轴，即：$aa' \perp OX$，$a'a'' \perp OZ$；

(2) 点的投影到投影轴的距离等于点到相应投影面的距离，即：$a'a_X = a''a_{YW} = Aa$，$a'a_Z = aa_{YH} = Aa''$，$a''a_Z = aa_X = Aa'$。

利用点在三投影面体系中的投影特性，只要给出一点的任意两个投影，就能求出该点的第三面投影（简称为"二求三"）。

【例 2-1】　已知点的正面投影 a' 和水平投影 a，如图 2-8a) 所示，试求点的侧面投影 a''。

【解】　如图 2-8b) 所示，步骤如下：

(1) 作直线 $a'a'' \perp OZ$；

(2) 作 45° 直线平分 $\angle Y_WOY_H$；

(3) 过 a 作直线垂直于 OY_H 并与 45° 直线交于一点，过此点作垂直于 OY_W 轴的直线，并与 $a'a_Z$ 的延长线交于 a''($aa_X = a''a_Z$)，a'' 即为所求。

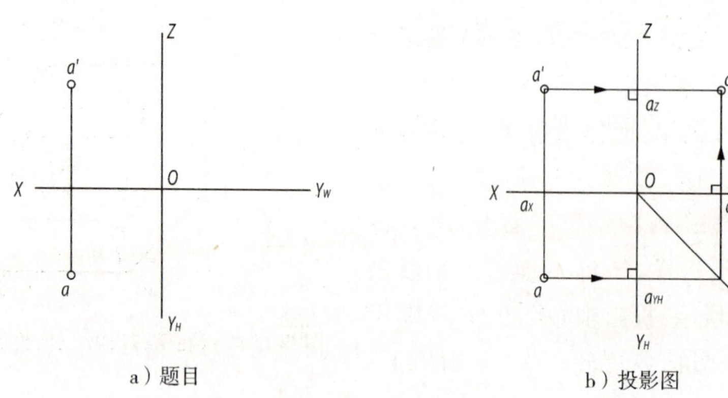

a) 题目　　b) 投影图

图 2-8　点的二求三

三、点的三面投影与其直角坐标的关系

若将三面投影体系当作直角坐标系(笛卡尔坐标系)，则投影面为坐标面，投影轴为坐标轴，原点 O 为坐标原点，其将每一坐标轴分成正负两部分，正方向如图 2-9a) 所示。因此，空间一点 A 到三个投影面的距离便可分别用它的直角坐标 X、Y、Z 表示。在投影图上，A 点的三个投影 a、a' 和 a'' 也完全可以用坐标确定，即水平投影 a 可由 X、Y 确定，正面投影 a' 可由 X、Z 确定，侧面投影 a'' 可由 Y、Z 确定，如图 2-9b) 所示，$a(X、Y、0)$，$a'(X、0、Z)$，$a''(0、Y、Z)$。这样就建立了空间点 $A(X、Y、Z)$ 和其三面投影 $A(a、a'、a'')$ 之间的关系。因此可以根据空间点的坐标，求其三面投影。

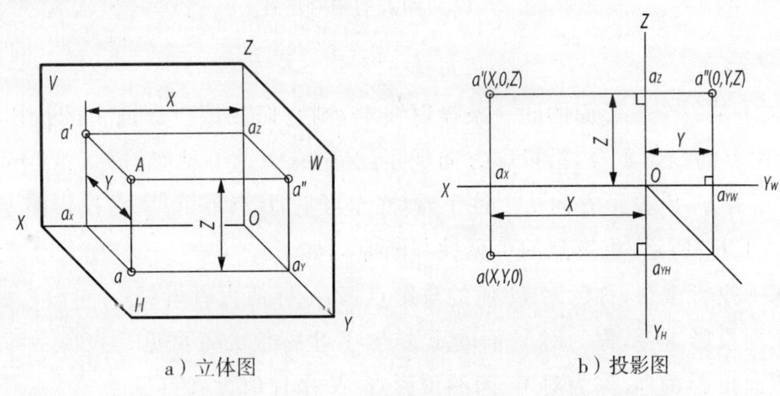

a）立体图　　　　b）投影图

图 2-9　点的三面投影与其直角坐标

【例 2-2】　已知 A 点的直角坐标(15、20、25)，求点在三面投影体系中的投影。

【解】　如图 2-10 所示，步骤如下：

(1) 利用 $oa_X=X=15$，$oa_Y=Y=20$，$oa_Z=Z=25$ 的关系，分别在 OX、OY_H、OZ 轴上找到 a_X、a_{YH}、a_Z 三点；

(2) 过 a_X、a_{YH}、a_Z 点分别作各轴的垂直线，两两相交于 a、a'、a'' 三点，a、a'、a'' 即为点 $A(15、20、25)$ 在三面投影体系中的投影。

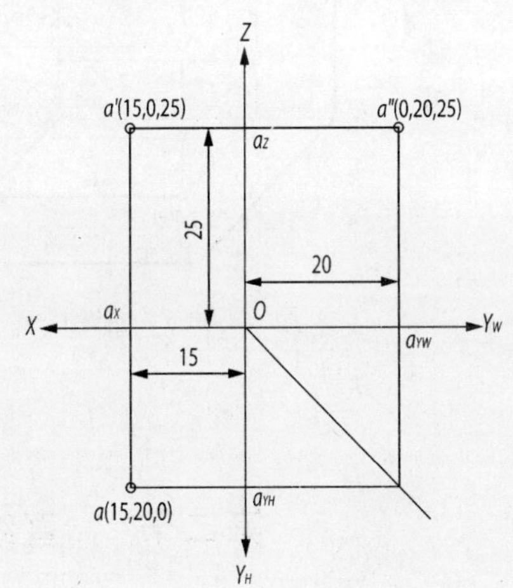

图 2-10　由点的坐标求点的三面投影

四、两点的相对位置及重影点

1. 两点的相对位置

研究空间两点的相对位置，主要是研究它们之间在 X、Y、Z 三个方向上的坐标差，从而判别它们之间的左右、前后、上下的位置关系。X 值大者在左方，Y 值大者在前方，Z 值大者在上方。

如图 2-11 所示，A 点的 X 坐标大于 B 点、Y 坐标小于 B 点、Z 坐标小于 B 点，所以 A 点在 B 点的左方、后方、下方。

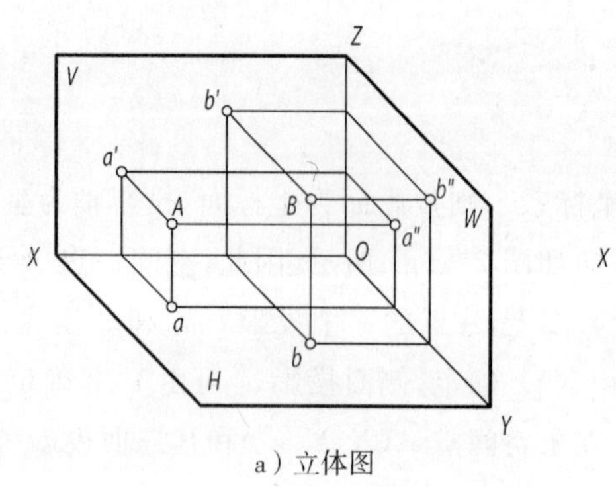

a）立体图

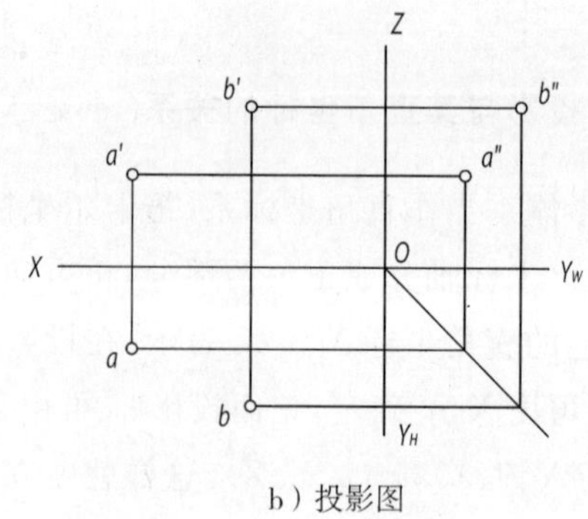

b）投影图

图 2-11　两点的相对位置

2. 重影点

若空间的两点位于某一个投影面的同一条投射线上，则它们在该投影面上的投影必重合，称之为对该投影面的重影点。两点的投影重合，沿投影方向观察，必定有一点可见而另外一点不可见。如图2-12a）所示，A 点在 B 点的正上方，沿投影方向从上往下看，A 点可见，B 点不可见。在投影图上，将不可见点的投影加圆括号，如图 2-12b）所示。重影点的可见性判断原则如下：

（1）若两点的水平投影重合，称为对 H 面的重影点，Z 坐标值大者可见；

（2）若两点的正面投影重合，称为对 V 面的重影点，Y 坐标值大者可见；

（3）若两点的侧面投影重合，称为对 W 面的重影点，X 坐标值大者可见。

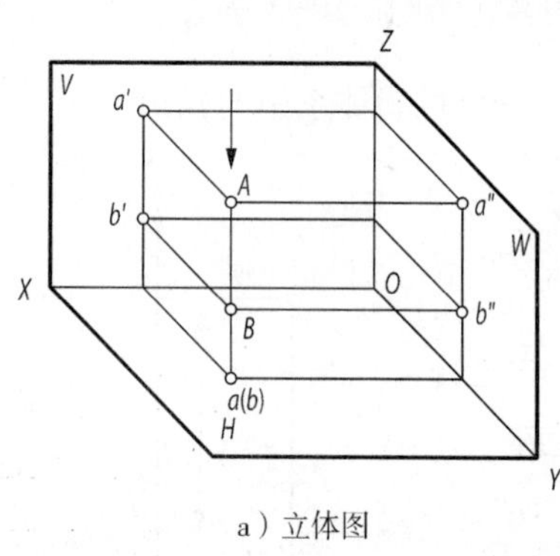

a）立体图

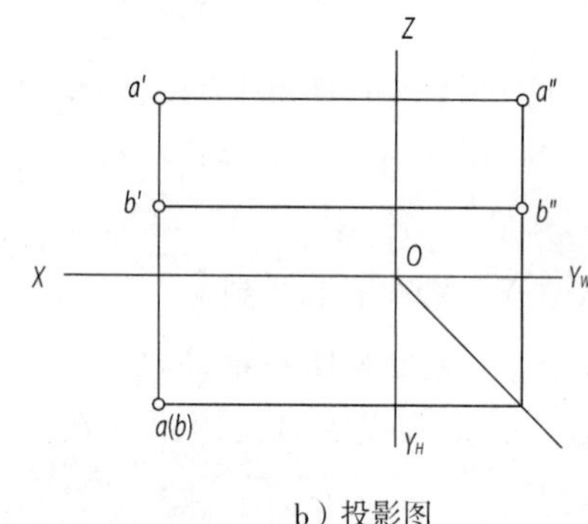

b）投影图

图 2-12　重影点及可见性

第二节　直线的投影

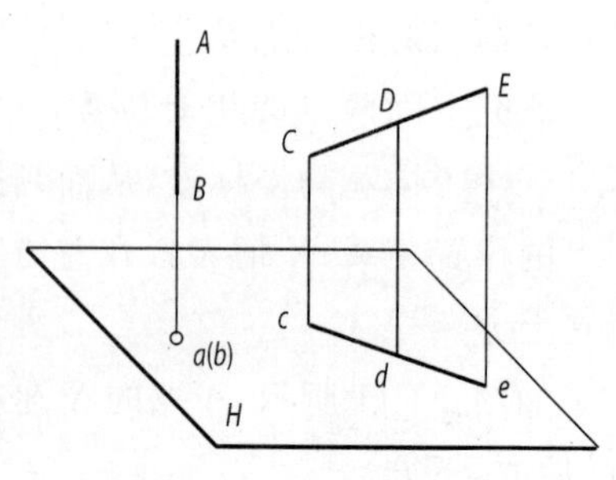

图 2-13　直线的投影

直线可由线上任意两点确定，两点的同面投影（即：两点在同一投影面上的投影）的连线即为直线在该投影面上的投影。因此，求直线的投影，可转化为求点的投影。

如图 2-13 所示，直线的投影一般仍为直线（如图中直线 CE）；当直线垂直于投影面时，其投影积聚为一点（如图中直线 AB）。此外，D

点属于 CE，同面投影中，d 属于 ce，即点对于直线的从属性不变。

一、直线对投影面的相对位置

在三面体系中，直线相对于投影面有三种不同的位置：一般位置、平行和垂直。后两类统称为特殊位置直线。

直线与 H、V、W 三个投影面的夹角依次用 α、β、γ 表示。

1. 一般位置直线

倾斜于各投影面的直线，称为一般位置直线，如图 2-14a) 所示的直线 AB。图 2-14b) 为直线 AB 的三面投影，其投影特性是：三面投影均倾斜于投影轴；三面投影均小于直线的实长；投影不反映空间直线对投影面的倾角。

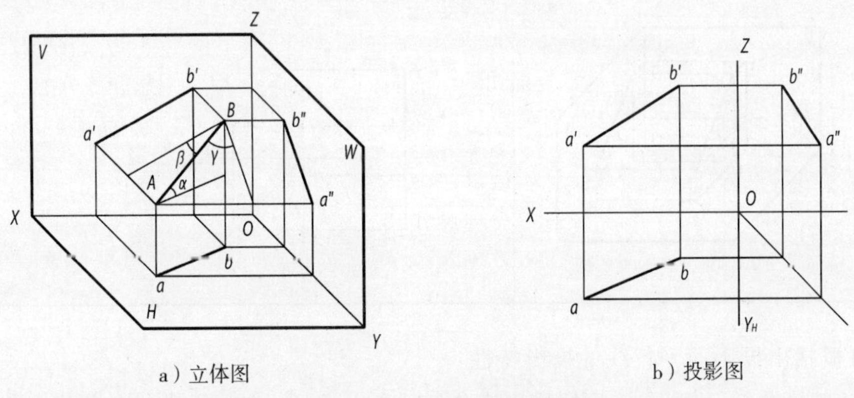

a）立体图　　b）投影图

图 2-14　一般位置直线的投影

2. 投影面的平行线

只平行于某一投影面（与另外两投影面倾斜）的直线，统称为投影面的平行线。

只平行于 H 面的直线，称为水平线；只平行于 V 面的直线，称为正平线；只平行于 W 面的直线，称为侧平线。

表 2-1 列出了这三种平行线的立体图、投影图及其投影特性。

表 2-1　投影面的平行线

直线的位置	立体图	投影图	投影特性
水平线			1. $a'b' \parallel OX$， $a''b'' \parallel OY_W$； 2. $ab = AB$； 3. 反映 β、α 角大小

（续表）

直线的位置	立体图	投影图	投影特性
正平线	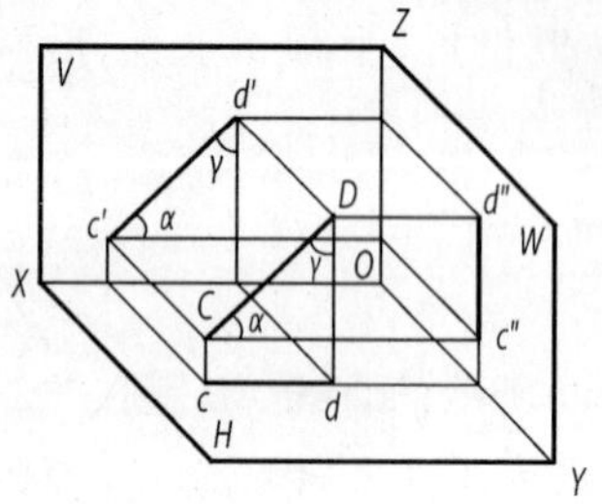	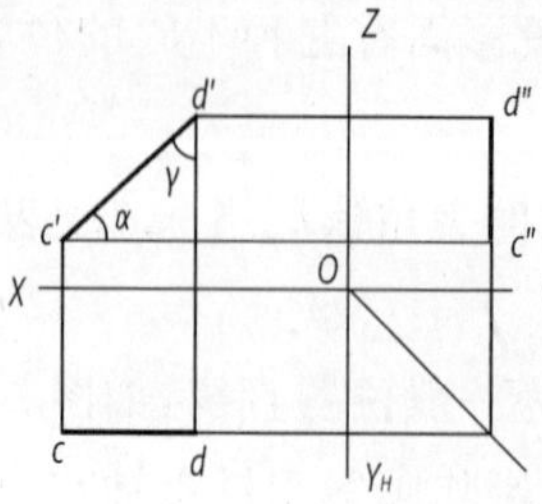	1. $cd \parallel OX$， $c''d'' \parallel OZ$； 2. $c'd' = CD$； 3. 反映 α、γ 角大小
侧平线	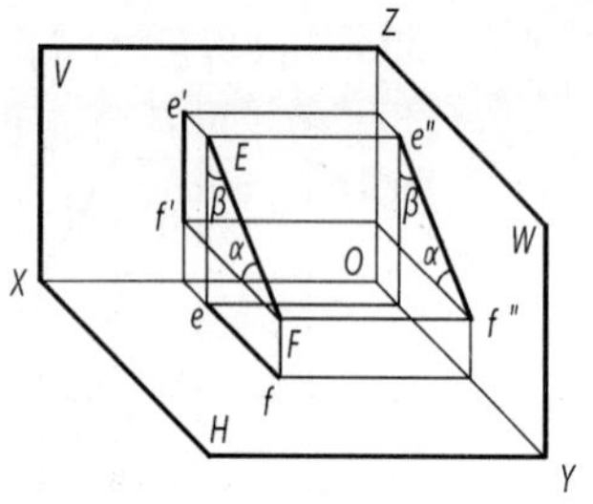	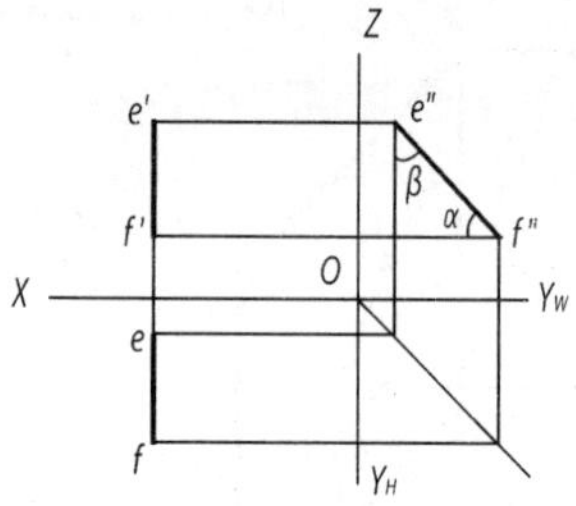	1. $e'f' \parallel OZ$， $ef \parallel OY_H$； 2. $e''f'' = EF$； 3. 反映 β、α 角大小

从表 2－1 可概括出投影面平行线的投影特性：

(1) 直线平行于某投影面，则在该面的投影有：① 反映实长；② 它与投影轴的夹角，分别反映直线对另外两投影面的真实倾角。

(2) 另外两个投影平行于相应的投影轴，不反映实长。

3. 投影面的垂直线

垂直于某一投影面（必与另外两个投影面平行）的直线，统称为投影面的垂直线。

垂直于 H 面的直线，称为铅垂线；垂直于 V 面的直线，称为正垂线；垂直于 W 面的直线，称为侧垂线。

表 2－2 列出了这三种垂直线的立体图、投影图及其投影特性。

表 2－2　投影面的垂直线

直线的位置	立体图	投影图	投影特性
铅垂线	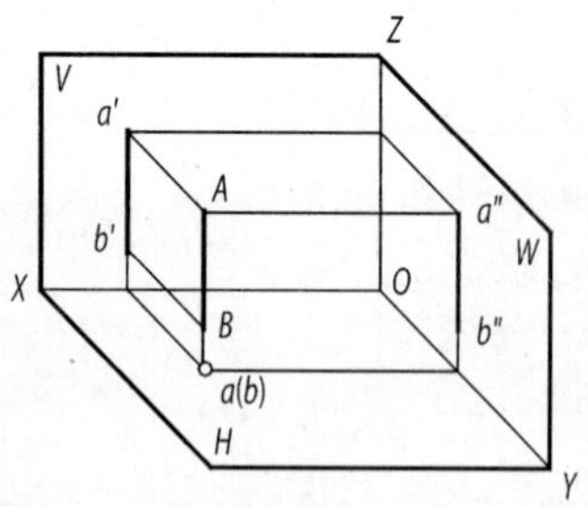	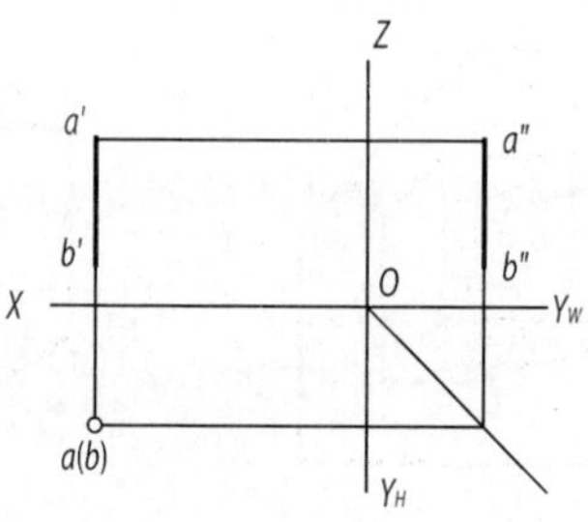	1. ab 积聚为一点； 2. $a'b' \perp OX$， $a''b'' \perp OY_W$； 3. $a'b' = a''b'' = AB$

（续表）

直线的位置	立体图	投影图	投影特性
正垂线	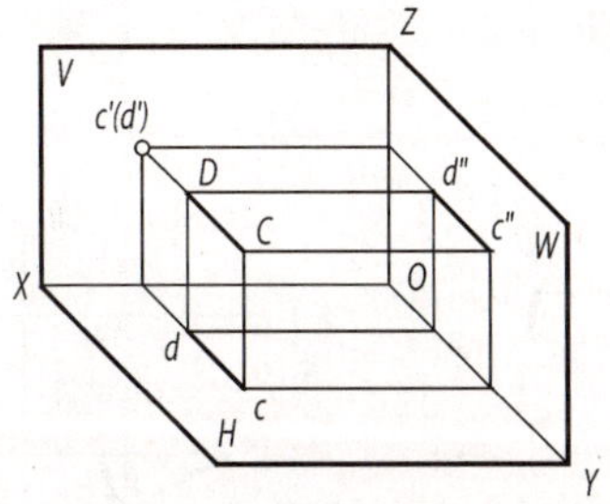	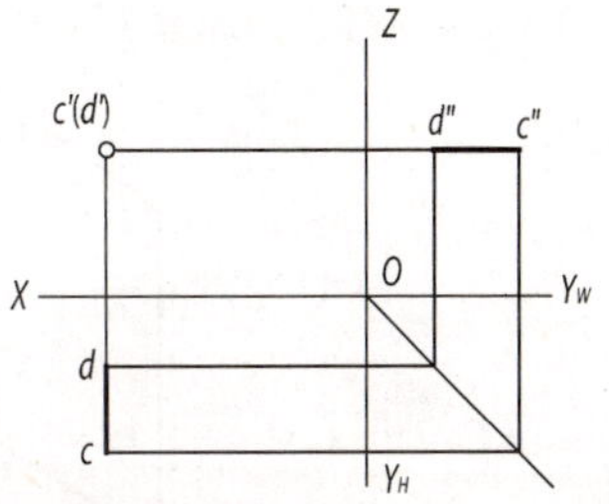	1. $c'd'$ 积聚为一点； 2. $cd \perp OX$， $c''d'' \perp OZ$； 3. $cd = c''d'' = CD$
侧垂线	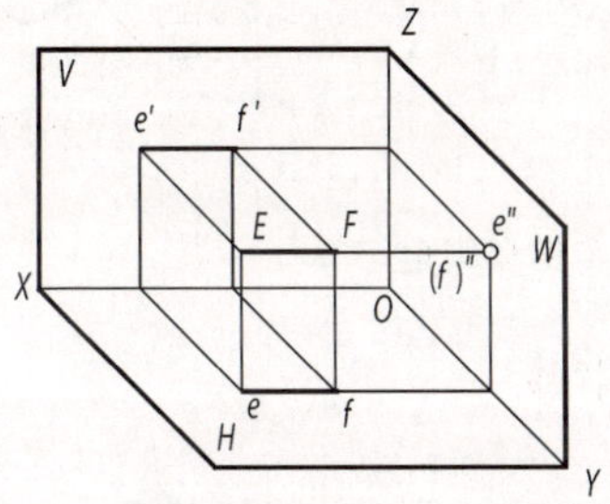	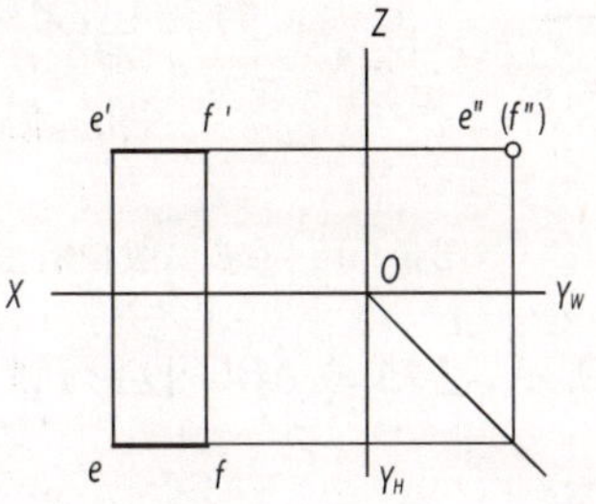	1. $e''f''$ 积聚为一点； 2. $ef \perp OY_H$， $e'f' \perp OZ$； 3. $ef = e'f' = EF$

从表 2-2 可概括出投影面垂直线的投影特性：

(1) 直线在它所垂直的投影面上的投影积聚为一点；

(2) 另外两个投影垂直于相应的投影轴，并反映实长。

二、一般位置直线的实长及倾角

特殊位置直线的投影，能反映出该直线的实长及其对投影面的相应倾角，而一般位置直线的三面投影均不能反映其实长和倾角，以下介绍用直角三角形法求一般位置直线的实长和倾角。

如图 2-15a) 所示，为了求出直线实长以及对 H 面倾角 α，过端点 B 作 $BA_1 \parallel ba$，交 Aa 于 A_1，构成直角三角形 ABA_1。在直角三角形中：直角边 $BA_1 = ba$，直角边 $AA_1 = \Delta Z_{AB}$（直线两端点的 Z 坐标差），两直角边已知，该三角形可以作出，其斜边即空间的 AB 直线，$\angle ABA_1 = \alpha$。

如图 2-15b) 为投影图上相应的作图方法。图中直接利用 ab 为一直角边，作 $b'a'_1 \parallel OX$，则 $a'a'_1 = \Delta Z_{AB}$，以 ΔZ_{AB} 为另一直角边作出直角 $\triangle bA_0a$，则 $bA_0 = AB$，$\angle abA_0 = \alpha$。

如图 2-15a) 同时表明 AB 实长和 β 角的空间关系：过 A 作 $AB_1 \parallel a'b'$，交 Bb' 于 B_1，在直角 $\triangle ABB_1$ 中，直角边 $AB_1 = a'b'$，直角边 $BB_1 = \Delta Y_{AB}$（直线两端点的 Y 坐标差），故可作出该三角形，其中斜边为 AB，$\angle BAB_1 = \beta$。相应投影如图 2-15c) 所示，图中直接取 ΔY_{AB} 为一直角边，取 $a'b'$ 为另一直角边，作直角 $\triangle bA_0b_1$，其中 $BA_0 = AB$，$\angle bA_0b_1 = \beta$。

可自行分析直线 AB 实长和 γ 角的空间关系及图解方法。

归纳直角三角形法的作图要点：

(1) 以直线在某投影面上的投影为一直角边；

(2) 以直线两端点相对该投影面的坐标差为另一直角边，作直角三角形；

(3) 在求出的直角三角形中有斜边等于空间直线实长，斜边与直线投影的夹角等于直线与该投影面的夹角。

注意:欲求一般位置直线对三个投影面的倾角,必须作三个直角三角形分别求取。

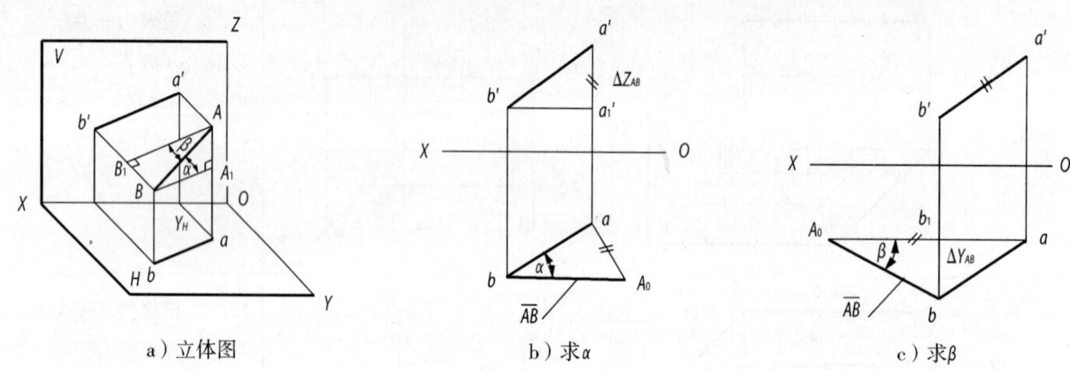

a)立体图　　b)求α　　c)求β

图 2-15　求一般位置直线实长和倾角

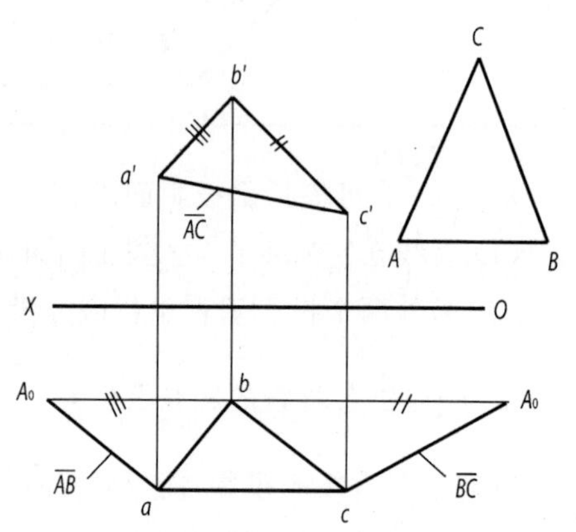

图 2-16　求三角形实形

【例 2-3】 如图 2-16 所示,已知 △ABC 投影,试求出其实形。

【解】 先求出三角形各边实长,作图确定三角形的实形。从投影图上判断,AC 边为正平线,故 $a'c'$ 等于实长,不用再求;用直角三角形法分别求出 AB 边的实长 aA_0 和 AC 边的实长 cA_0;用三段实长作成的三角形 ABC 即为所求。

【例 2-4】 如图 2-17 所示,已知线段 AB 的实长、正面投影 $a'b'$,以及 A 点水平投影 a,补全线段的水平投影 ab。

【解】 只要确定 B 点水平投影 b,即可作出 ab,根据已知 AB 实长及 $a'b'$ 的条件,用直角三角形法,有两种作图方式确定 b。如图 2-17b) 所示,以 AB 实长及 $a'b'$ 作直角 △$A_0b'a'$,其中 A_0a' 为 A、B 两点的 Y 坐标差,以此确定 $b(b_1)$,有两解。或者,如图 2-17c) 所示,以 AB 实长及 ΔZ_{AB} 作直角 △$A_0b'B_0$,其中另一直角边 A_0B_0 等于 ab,以此亦可确定 $b(b_1)$ 位置,同样有两解。

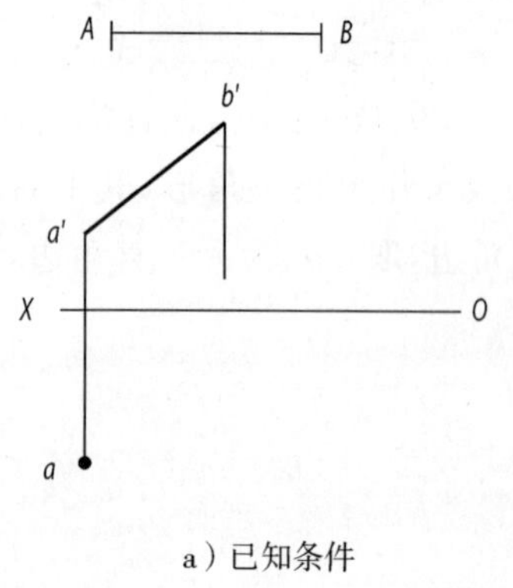

a)已知条件

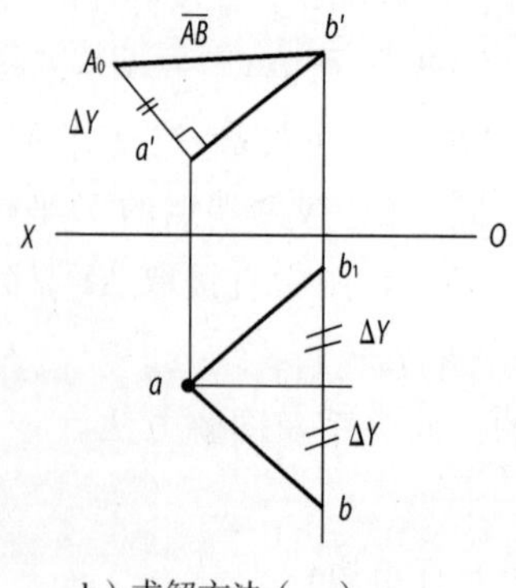

b)求解方法(一)

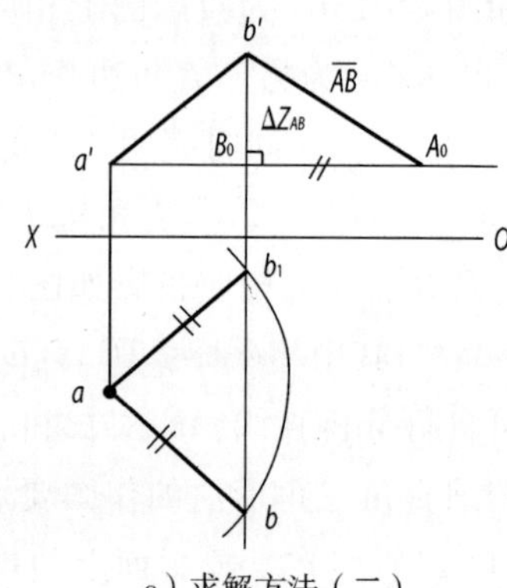

c)求解方法(二)

图 2-17　求直线的投影

三、两直线的相对位置

空间两直线的相对位置有三种：平行、相交、交叉。

1. 平行两直线

如图 2－18a）所示，若空间两直线 $AB \parallel CD$，则在 H 面的投影 $ab \parallel cd$（因为两投射平面 $ABba \parallel$ 平面 $CDdc$）；同理，它们的各同面投影也一定相互平行，即 $a'b' \parallel c'd'$，$a''b'' \parallel c''d''$，如图 2－18b）所示。

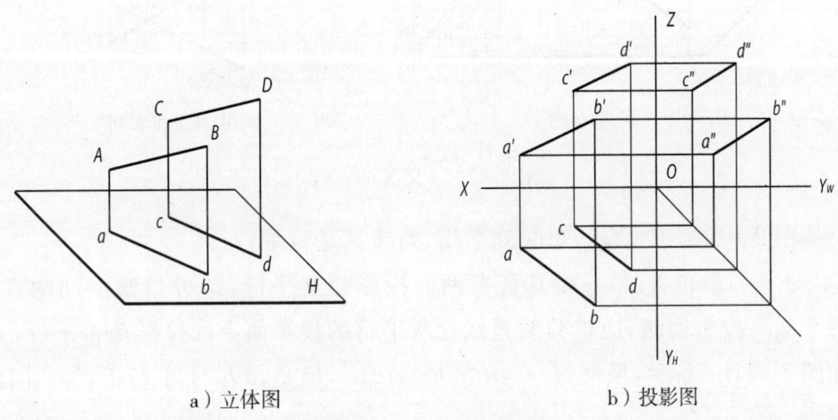

图 2－18　平行两直线

2. 相交两直线

如图 2－19a）所示，点 K 为空间两相交直线 AB、CD 的交点。点 K 在两直线上，其投影也应在两直线的同面投影上。因此，如果空间两直线相交，其同面投影一定相交，并且交点的投影符合点的投影规律，如图 2－19b）所示。

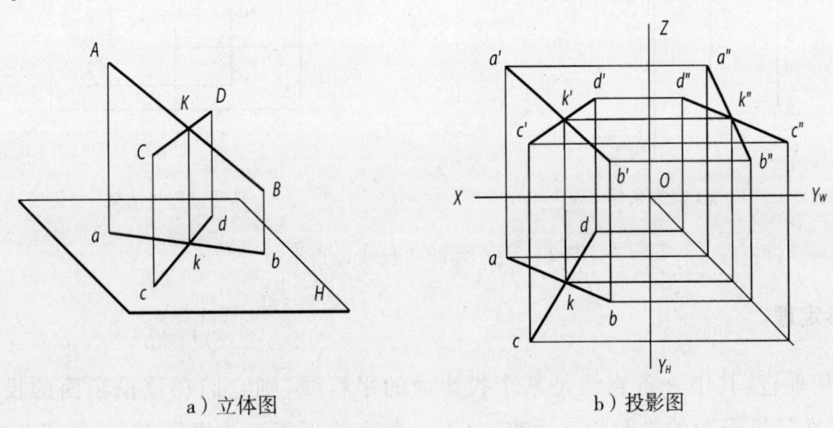

图 2－19　相交两直线

3. 交叉两直线

既不平行又不相交的两直线是交叉直线。

交叉直线的投影可能相交，如图 2－20a）所示，投影交点是两直线对该投影面的一对重影点，图中 ab 与 cd 的交点，分别对应 AB 上的 Ⅰ 点和 CD 上的 Ⅱ 点，按重影点可见性的判别规定，对于不可见的投影点加括号表示。交叉两直线同面投影的交点不符合点的投影规律，如图 2－20b）所示。

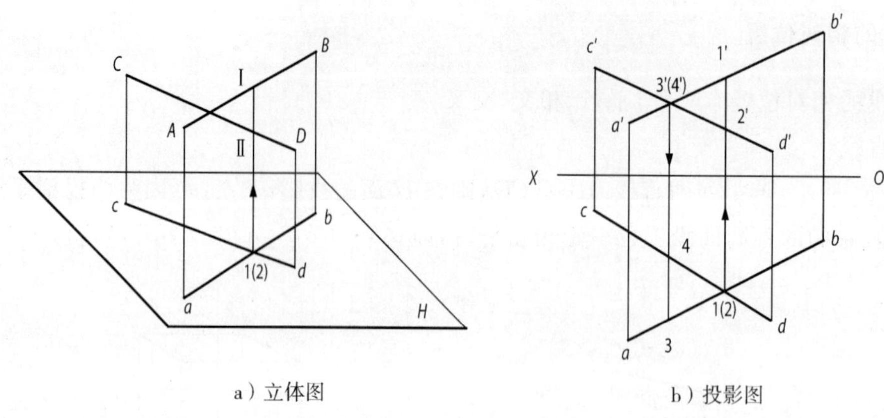

a）立体图　　b）投影图

图 2-20　交叉两直线

【例 2-5】 如图 2-21a) 所示，已知两侧平线，判断其是否平行。

【解】 两直线处于一般位置时，只要其任意两面投影相互平行，即可判断空间两直线相互平行。但是，当有直线平行于某一投影面时，应检验两直线在所平行的投影面上的投影是否平行，方可判断空间两直线是否平行。如图 2-21b) 所示，虽然 $ab \parallel cd$、$a'b' \parallel c'd'$，但是，$a''b''$ 不平行于 $c''d''$，因此，AB 与 CD 不平行，是交叉两直线。

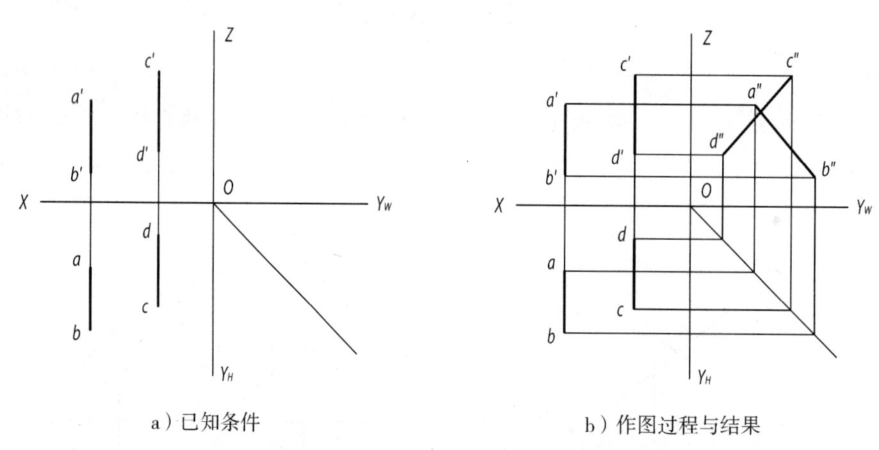

a）已知条件　　b）作图过程与结果

图 2-21　判断两直线是否平行

四、直角投影定理

两条直线相互垂直，其中一条直线是某个投影面的平行线，则它们在该投影面的投影仍为直角；反之，如果两条直线在某投影面的投影相互垂直，且有一条直线平行于该投影面，则该两条直线在空间相互垂直，直角的这一投影特性，称为直角投影定理，它是处理一般垂直问题的基础，作图时是经常遇到的。

如图 2-22a) 所示，已知：$AB \perp AC$，$AB \parallel H$ 面，则 $ab \perp ac$。因为 $AB \perp AC$，又 $AB \perp Aa$，所以 $AB \perp$ 平面 $ACca$；又 $ab \parallel AB$，故 $ab \perp$ 平面 $ACca$，所以 $ab \perp ac$。投影图如图 2-22b) 所示。

很容易将上述定理推广到异面垂直的情况，如图 2-23a) 所示，交叉两直线 $AB \perp MN$，且 $AB \parallel H$ 面，过直线 AB 上任一点 A 作直线 $AC \parallel MN$，则 $AC \perp AB$，由上述推理可知，$ab \perp ac$，今 $AC \parallel MN$，则

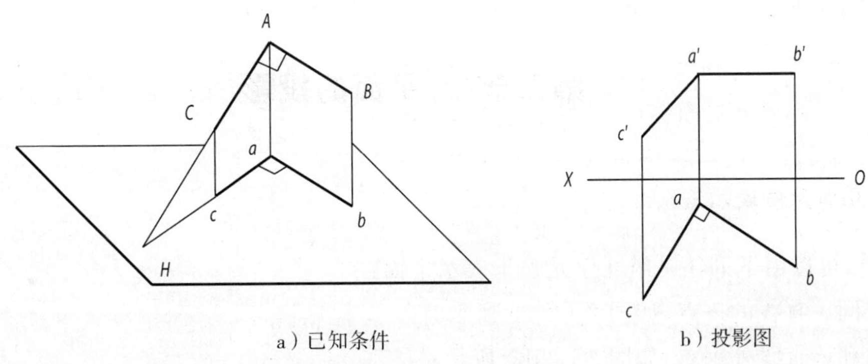

a）已知条件　　b）投影图

图 2-22　直角定理

其投影 $ac \parallel mn$，故 $ab \perp mn$，如图 2-23b）所示。

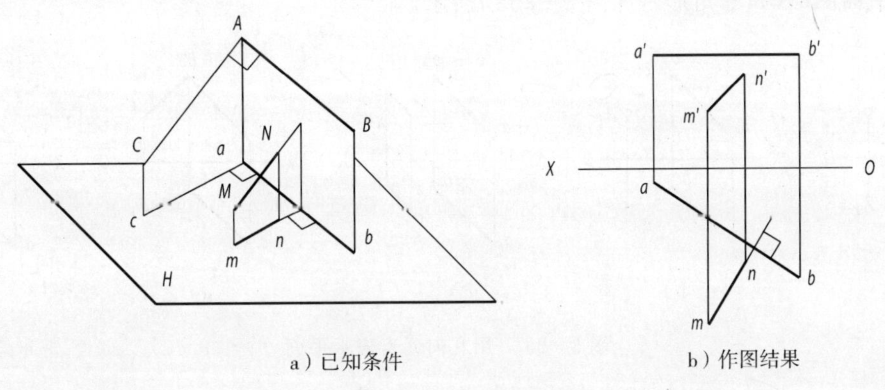

a）已知条件　　b）作图结果

图 2-23　异面垂直

【例 2-6】　如图 2-24a）所示，已知水平线 AB 及正平线 CD，试过定点 S 点作一条直线分别与它们垂直。

【解】　如图 2-24b）所示，过点 S 的水平投影 s 作 $sl \perp ab$，过点 S 的正面投影 s' 作 $s'l' \perp c'd'$。SL（sl，$s'l'$）即为所求直线。因为根据直角投影定理，必有 $SL \perp AB$ 及 $SL \perp CD$。

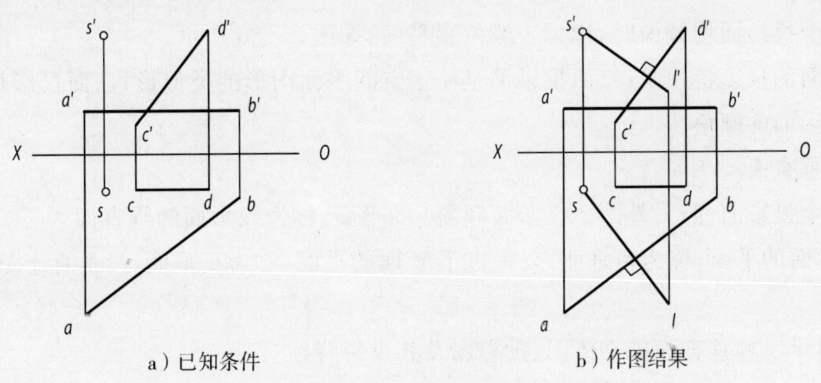

a）已知条件　　b）作图结果

图 2-24　求垂线

第三节　平面的投影

一、平面的几何元素表示法

在投影图上，可以由下列任一组几何元素来表示平面：

(1) 不属于同一直线的三点，如图 2-25a) 所示；

(2) 一直线和该直线外一点，如图 2-25b) 所示；

(3) 两平行直线，如图 2-25c) 所示；

(4) 两相交直线，如图 2-25d) 所示；

(5) 任意平面图形(如三角形)，如图 2-25e) 所示。

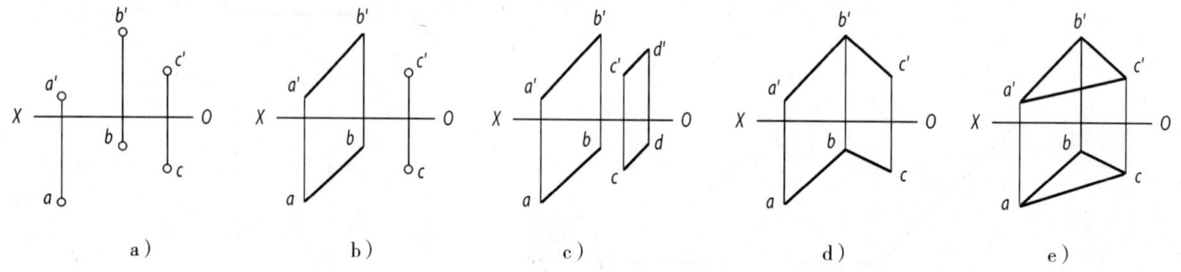

图 2-25　用几何元素表示平面

二、平面对投影面的相对位置

在三面体系中，平面相对于投影面有三种不同的位置：一般位置、垂直和平行。后两类统称为特殊位置平面。

平面对 H、V、W 面的倾角，依次用 α、β、γ 表示。

1. 一般位置平面

当平面与三个投影面均倾斜时，称为一般位置平面，如图 2-26 所示。

一般位置平面的投影特性是：三面投影均是小于空间平面图形的类似形；三面投影均不积聚，也不反映空间平面对投影面的倾角。

2. 投影面的垂直面

只垂直于一个投影面(与另外两个投影面倾斜) 的平面，称为投影面的垂直面。

只垂直于 H 面的平面，称为铅垂面；只垂直于 V 面的平面，称为正垂面；只垂直于 W 面的平面，称为侧垂面。

表 2-3 列出了三种垂直面的立体图、投影图及其投影特性。

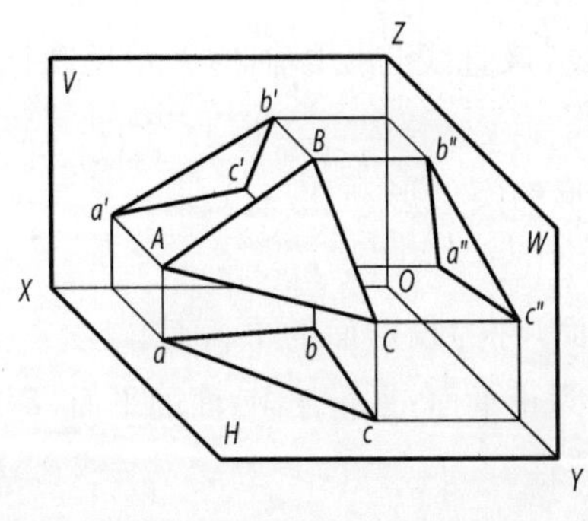

a）立体图

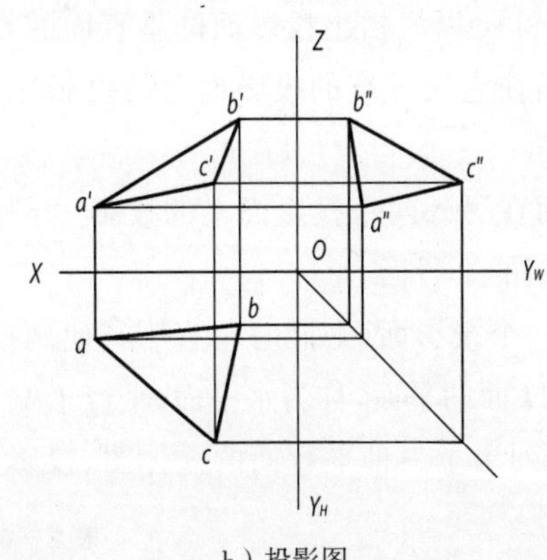

b）投影图

图 2－26　一般位置平面

表 2－3　投影面的垂直面

平面的位置	立体图	投影图	投影特性
铅垂面			1. 水平投影积聚成一直线，并反映真实倾角 β、γ； 2. 正面投影、侧面投影不反映实形，为空间平面的类似形
正垂面			1. 正面投影积聚成一直线，并反映真实倾角 α、γ； 2. 水平投影、侧面投影不反映实形，为空间平面的类似形
侧垂面			1. 侧面投影积聚成一直线，并反映真实倾角 β、α； 2. 水平投影、正面投影不反映实形，为空间平面的类似形

由表 2－3 可以概括出投影面的垂直面的投影特性：

(1) 平面在它所垂直的投影面上的投影积聚为一条直线，该直线与投影轴的夹角反映该平面对相应投影面的倾角；

(2) 平面在另外两个投影面上的投影，均为小于空间图形的类似形。

3. 投影面的平行面

平行于一个投影面(必同时垂直于其他两投影面）的平面，称为投影面的平行面。

平行于 H 面的平面，称为水平面；平行于 V 面的平面，称为正平面；平行于 W 面的平面，称为侧平面。

表 2－4 列出了三种平行面的立体图、投影图及其投影特性。

表 2－4 投影面的平行面

平面的位置	立体图	投影图	投影特性
水平面	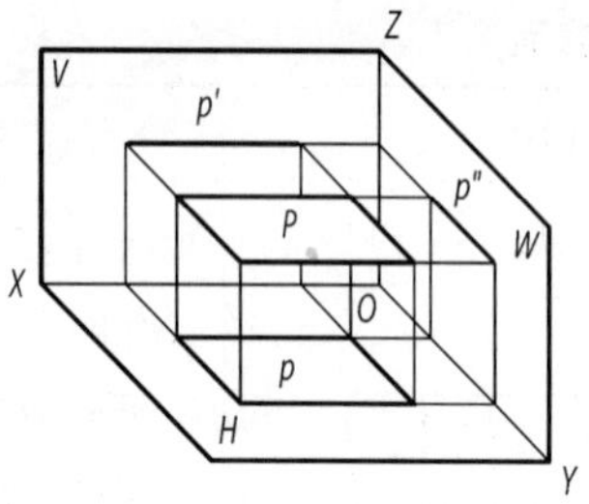	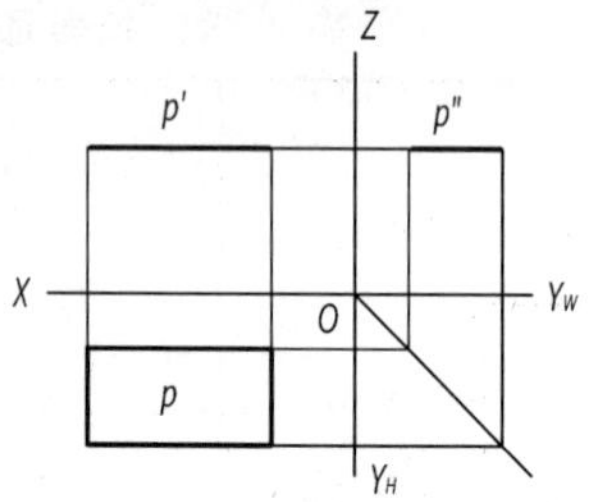	1. 水平投影反映实形； 2. 正面投影、侧面投影均积聚为直线，且分别平行于 OX、OY_W 轴
正平面	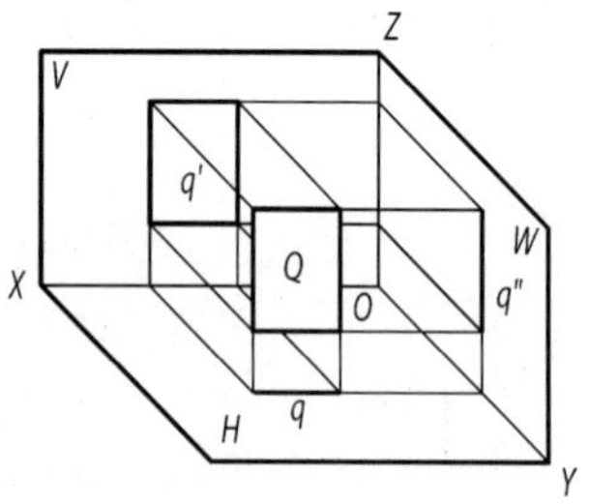	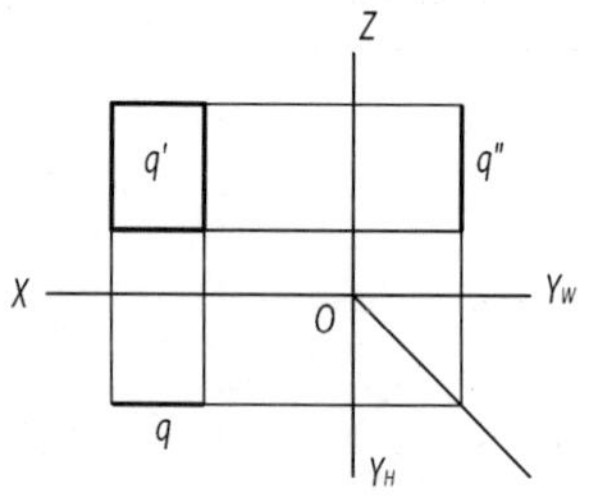	1. 正面投影反映实形； 2. 水平投影、侧面投影均积聚为直线，且分别平行于 OX、OZ 轴
侧平面	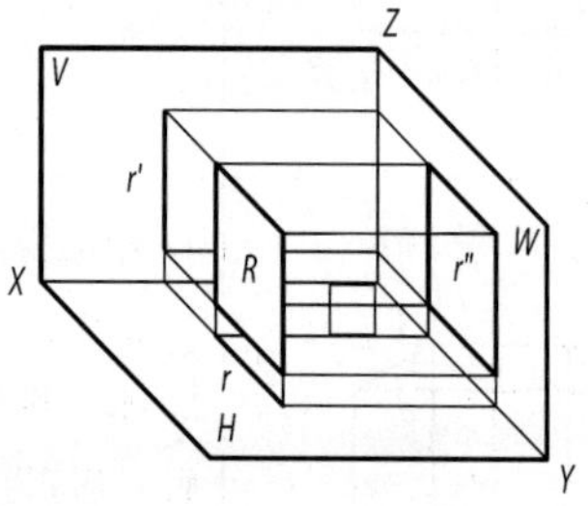	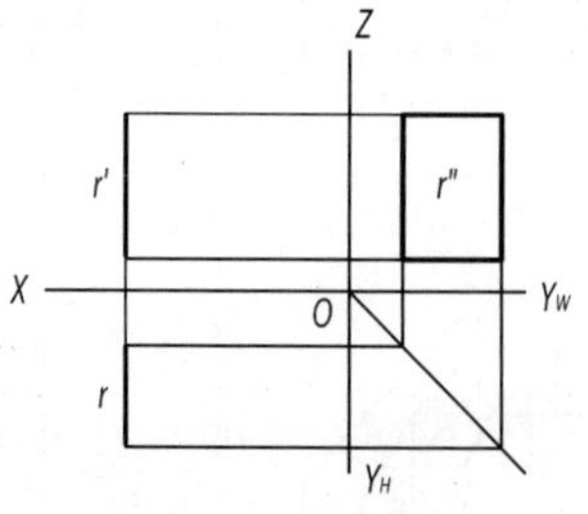	1. 侧面投影反映实形； 2. 水平投影、正面投影均积聚为直线，且分别平行于 OY_H、OZ 轴

由表 2－4 可以概括出投影面的平行面的投影特性：

(1) 在所平行的投影面上的投影，反映实形；

(2) 在其余两个投影面上的投影，均积聚为平行于相应投影轴的直线。

4.特殊位置平面的迹线表示法

当平面垂直于投影面，而在投影图上只需要表明其所在位置时，则可以用平面与该投影面的交线——迹线来表示。

用迹线表示垂直平面时，是用粗实线画出平面有积聚性的迹线，并注上相应的标记即可，如图 2-27 所示。平面 P 与 H 面的交线称为水平迹线，用 P_H 标记；平面 Q 与 V 面的交线称为正面迹线，用 Q_V 标记。

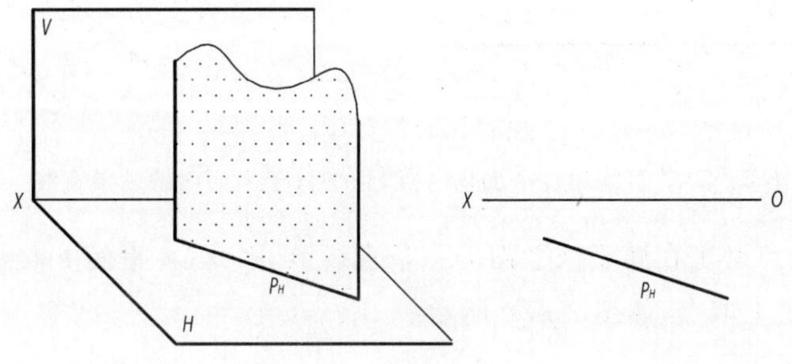

a）铅垂面的迹线表示

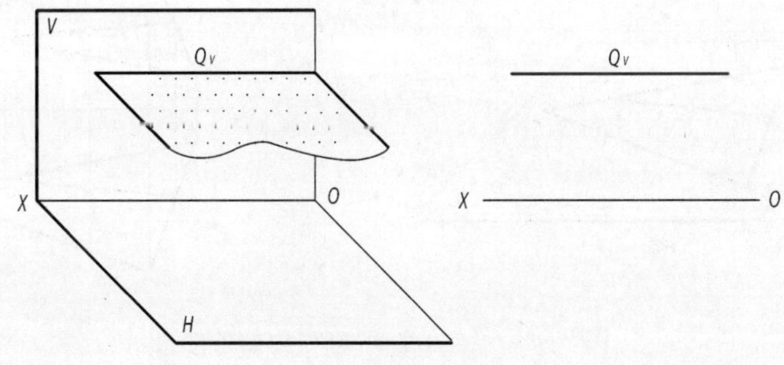

b）水平面的迹线表示

图 2-27　用迹线表示特殊位置平面

三、平面上的点和直线

点和直线在平面上的几何条件是：

(1) 直线在平面上，则该直线必定通过平面内两已知点，如图 2-28 所示；或者通过平面内一已知点，且平行于平面内的一条已知直线，如图 2-29 所示。

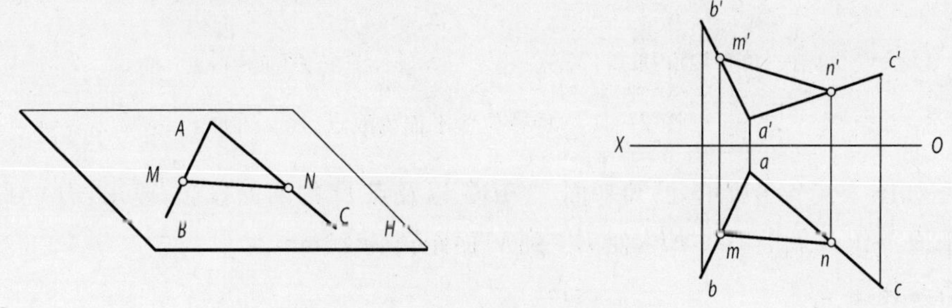

图 2-28　直线通过平面内两已知点

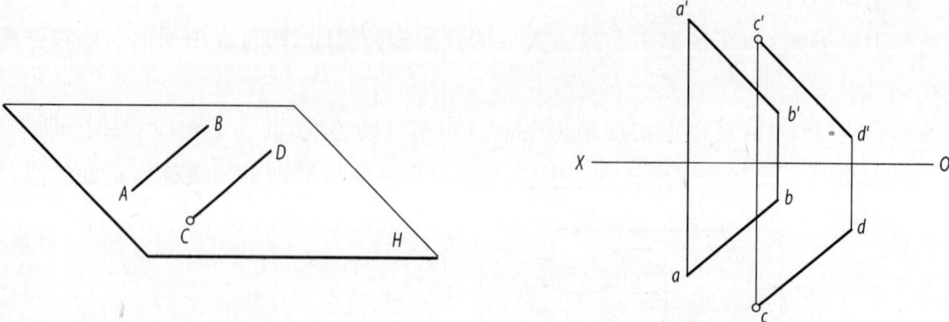

图 2－29　直线通过平面内一点，且平行于平面内的一条直线

(2) 点在平面上，则该点必定在属于该平面的一条直线上。因此，在平面上取点，首先在平面上作一条辅助直线，而后在辅助直线上取点，如图 2－30 所示。

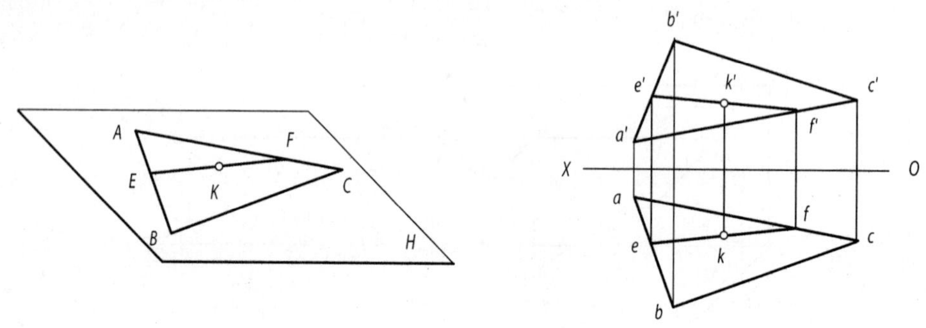

图 2－30　点在平面 ABC 内的条件

特殊位置平面由于其所垂直的投影面上的投影积聚成直线，因此，这类平面上的点和直线，在该平面所垂直的投影面上的投影，位于平面有积聚性的投影或迹线上，如图 2－31 所示。

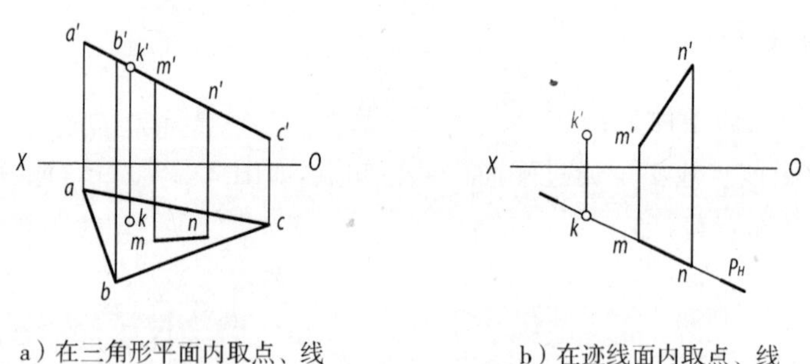

a) 在三角形平面内取点、线　　b) 在迹线面内取点、线

图 2－31　特殊位置平面内取点、线

【例 2－7】　如图 2－32a) 所示，已知平面 $\triangle ABC$ 以及点 D 的两面投影，要求：(1) 判断点 D 是否在平面上；(2) 在平面上作一条正平线 EF，使 EF 到 V 面距离为 20mm。

【解】　分析与作图

(1) 点 D 若在平面 $\triangle ABC$ 内的某一条直线上，则点 D 在平面上，否则就不在平面上。判断方法如图 2－32b) 所示：连接 a、d 两点并延长交 bc 于点 m，在 $b'c'$ 上作出 m 的对应点 m'，连接 a'、m' 两点，则 AM

必在平面△ABC上，但d'不在$a'm'$上，故点D不在平面上。

(2) 因为EF是正平线，根据正平线的投影特性，EF的水平投影应平行于OX轴，且到OX轴的距离为EF到V面的距离。因此，先从水平投影开始作图。如图2-32c)，作ef平行于OX轴，且到OX轴的距离为20mm。ef交ab、bc于点1、2，分别在$a'b'$、$b'c'$上作出其对应点1′、2′，连接1′、2′点即得$e'f'$。ef、$e'f'$即为直线EF的两面投影。

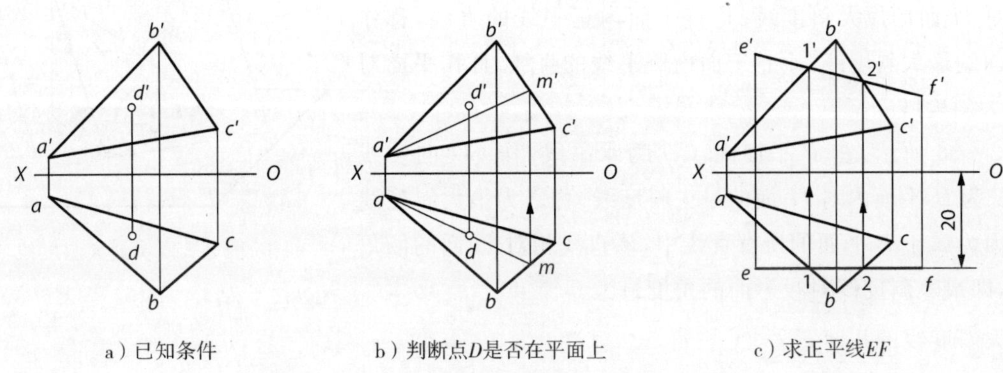

a) 已知条件　　b) 判断点D是否在平面上　　c) 求正平线EF

图2-32　判断点是否在平面上及平面上取线

四、平面上的投影面的平行线

平面上的投影面的平行线，分为平面上的水平线、正平线和侧平线三种情况，它们既属于已知平面，又具有投影面的平行线的投影特性。

如图2-33所示，平面P内的水平线均互相平行，因此它们的同面投影必相互平行。同理，面内正平线或侧平线的同面投影也分别相互平行。

如图2-34中，欲过△ABC平面内A点作面内水平线AD，先作$a'd'$ // OX轴，再按平面上取线的作图方法，求出ad。

如图2-35所示，欲在两平行线AB、CD确定的平面内，作距离V面10mm的正平线EF，先作ef // OX轴，且距OX轴10mm，再按从属对应关系确定$e'f'$。

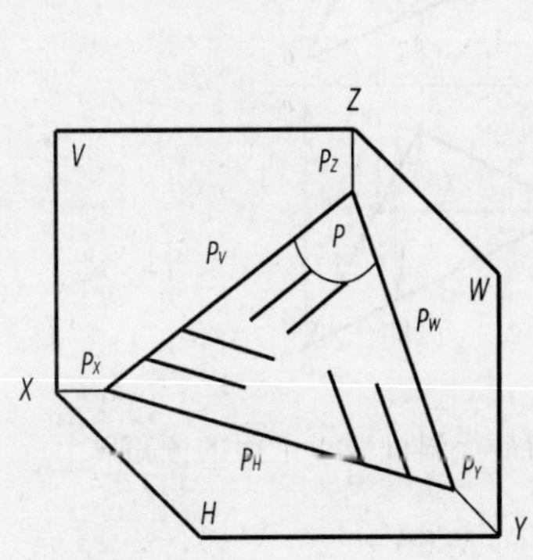

图2-33　平面内投影面的平行线

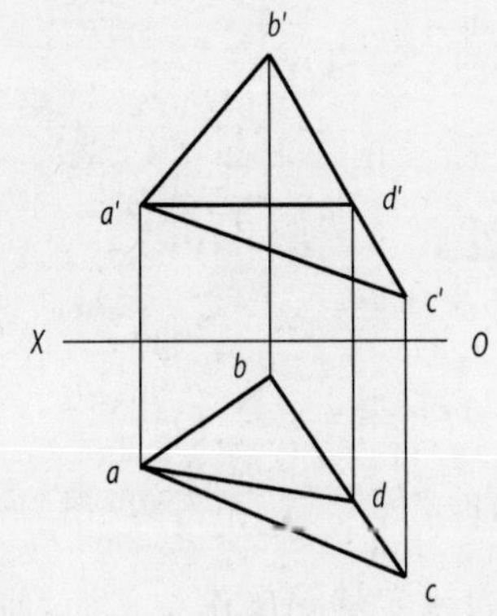

图2-34　平面内投影面的水平线

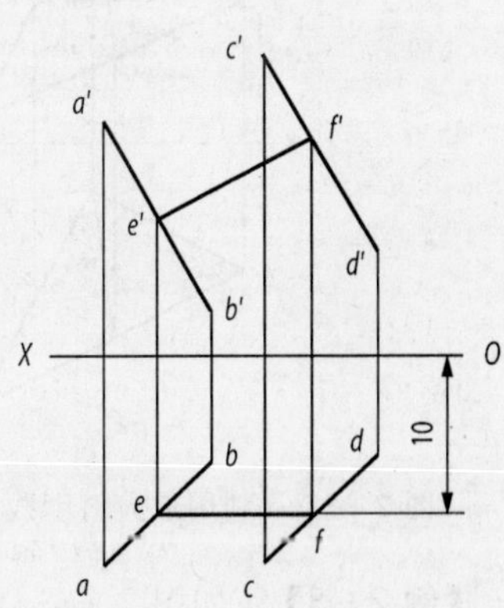

图2-35　平面内投影面的正平线

五、平面内投影面最大斜度线

1. 最大斜度线的定义

平面内垂直于该面内投影面平行线的直线，称为平面内对投影面的最大斜度线。它们可分为三种：垂直于面内水平线的直线，称作平面对 H 面的最大斜度线；垂直于面内正平线的直线，称作平面对 V 面的最大斜度线；垂直于面内侧平线的直线，称作平面对 W 面的最大斜度线。

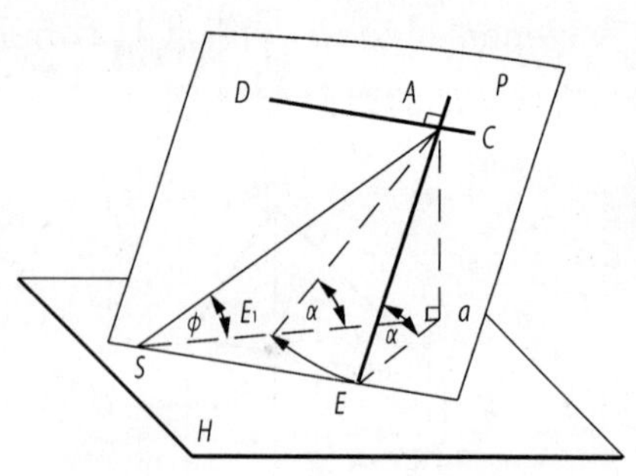

图 2－36　最大斜度线

如图 2－36 所示，在 P 平面内，CD 为水平线，作 CD 的垂线 AE，则 AE 为 P 平面内对 H 面的最大斜度线。称之为最大斜度线的原因是因为属于 P 平面的所有直线中，该直线相对 H 面的倾角是最大的，即最大斜度线对投影面的角度最大。

2. 最大斜度线的几何意义

在图 2－36 中直线 AE 是 P 平面内对 H 面的最大斜度线，同时，AE 对 H 面倾角 α 就是 P 平面与 H 面所成二面角，所以等于 P 平面对 H 面的倾角，因此，最大斜度线的几何意义之一，在于用来测定一般位置平面对某投影面的倾角。

如图 2－37 所示，要求 $\triangle ABC$ 平面对 H 面倾角 α，必须作出平面对 H 面的最大斜度线，为此，在 $\triangle ABC$ 平面内任作水平线 $CD(cd, c'd')$，再根据直角投影定理，在 $\triangle ABC$ 平面内作 $AE \perp CD$，即作 $ae \perp cd$，$AE(ae, a'e')$ 即是平面内对 H 面的最大斜度线。最后可运用直角三角形法求出线段 AE 对 H 面的倾角 α，即等于 $\triangle ABC$ 平面对 H 面的倾角 α。

如果求平面对 V、W 面的倾角 β、γ，则应分别利用平面对 V、W 面的最大斜度线作图。如图 2－38 所示，AG 为 $\triangle ABC$ 平面对 V 面的最大斜度线，求出 AG 对 V 面的倾角 β，即等于 $\triangle ABC$ 平面对 V 面的倾角 β。

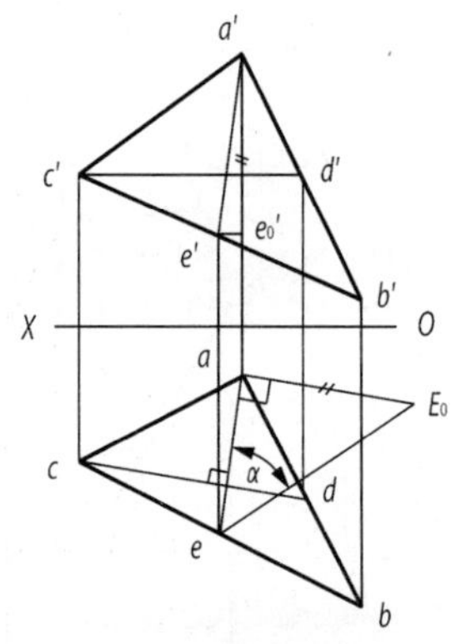

图 2－37　利用最大斜度线求平面的倾角 α

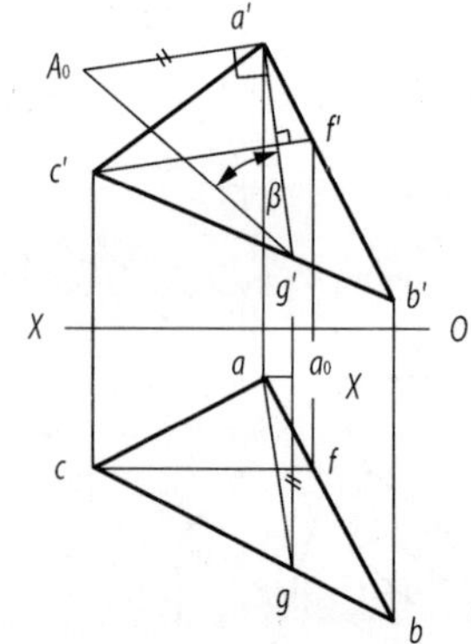

图 2－38　利用最大斜度线求平面的倾角 β

【例 2－8】　如图 2－39a）所示，试过水平线 AB 作一平面，使之与 H 面成 60°。

【解】　因为对 H 面最大斜度线垂直水平线，且与 H 面的夹角反映该平面对 H 面的倾角，故只要作出任一条与已知水平线 AB 垂直相交，且与 H 面成 60° 的最大斜度线即可。

如图 2-39b）所示，在 AB 线上任取一点 $B(b,b')$，过 b 作适当长度的线段 $bc \perp ab$，以 bc 为直角边，$\angle c = 60°$ 作直角 $\triangle cb_1b$，b_1 在 ab 线上，直角边 bb_1 为 ΔZ_{BC}，作 c' 并连接 $b'c'$，$BC(bc,b'c')$ 为所求最大斜度线，直线 BC 与 AB 确定的平面即为所求平面。

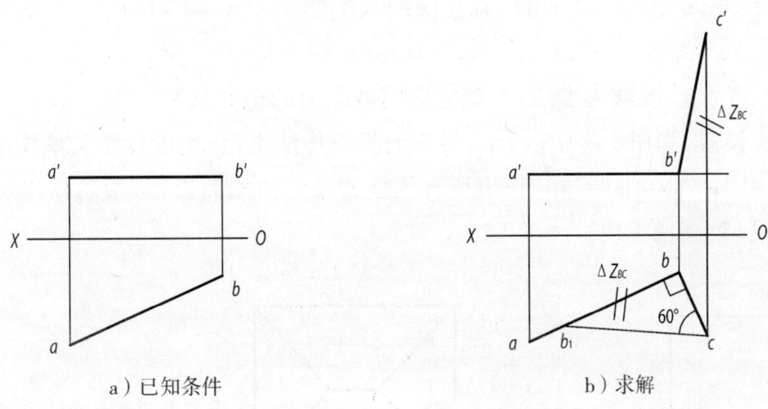

a）已知条件　　b）求解

图 2-39　过 AB 作面与 H 面成 60°

六、同坡屋面的画法

若同一屋面上各坡面对水平面的倾角相同，且房屋四周的屋檐等高，则称同坡屋面。同坡屋面的交线有屋脊线、斜脊线和天沟线。斜脊位于凸墙角上，天沟位于凹墙角上，如图 2-40 所示。

同坡屋面的交线是两平面立体相贯的特例，它具有以下特点：

（1）檐口线平行且等高的两相邻坡面，交线为水平的屋脊线；屋脊线的水平投影平行于两檐口线的水平投影且与其等距。

（2）两檐口线相交的两相邻坡面，交线必为斜脊线或天沟线；该线的水平投影与两檐口线的水平投影共点且平分其夹角。

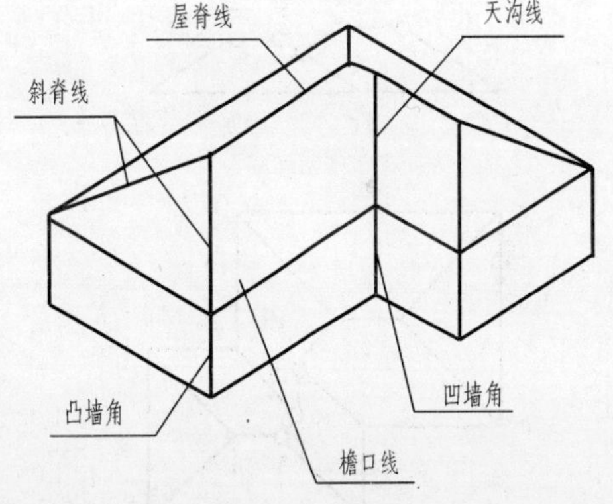

图 2-40　同坡屋面

（3）相邻的三个坡面必交于一公共点，它是三个坡面两两相交所得三条交线的交点。当相邻两檐口线相交或成直角时，连续三条屋檐中必有两条相互平行。因此，三条交线上一定有一条是水平的屋脊，另两条为倾斜的斜脊或天沟，简述为“一直两斜交于一点”。

根据以上特点，如果已知檐口线的水平投影，可以作出同坡屋面的水平投影，然后根据水平倾角，作出其正面投影和侧面投影。

【例 2-9】　如图 2-41a）所示，已知同坡屋面檐口线的水平投影，及各屋面的水平倾角 $\alpha = 30°$，试作出该屋面的各投影。

【解】　根据同坡屋面交线的投影特点，具体作图步骤如下：

（1）作屋面交线的水平投影，如图 2-41b）所示。过各个屋角作 45° 分角线，在凸屋角作的是斜脊线，在凹屋角作的是天沟线，其中两对斜脊线的交点为 1、6；再作每对檐口线的中线，与两条斜脊线的交点为 2、5，与两条天沟线的交点为 3、4；最后作直线 23 和 45，即完成同坡屋面的水平投影。

(2) 作屋面的正面投影，如图 2-41c) 所示。由于所有檐口线的正面投影重合为一条直线，故按投影关系作出其投影 b'、a'、d'、c'、g'、h'、e'、f'；由已知屋面的水平倾角 $\alpha = 30°$，作出所有正垂坡屋面的正面投影。再利用点 1、2、3、4、5、6 得到 1′、2′、3′、4′、5′、6′ 点，并分别连接点 1′ 和 2′、3′ 和 4′、5′ 和 6′ 得到所有水平屋脊线的正面投影。将 $4'g'$ 改画为虚线，至此完成同坡屋面的正面投影。

(3) 作屋面的侧面投影，如图 2-41d) 所示。与正面投影作法类似，先按投影关系作出所有檐口线的侧面投影，为一直线；再由水平倾角 $\alpha = 30°$ 作出所有侧垂坡屋面的侧面投影，最后作出所有屋脊线的侧面投影。由于 $4''g''$ 不可见，故画成虚线。

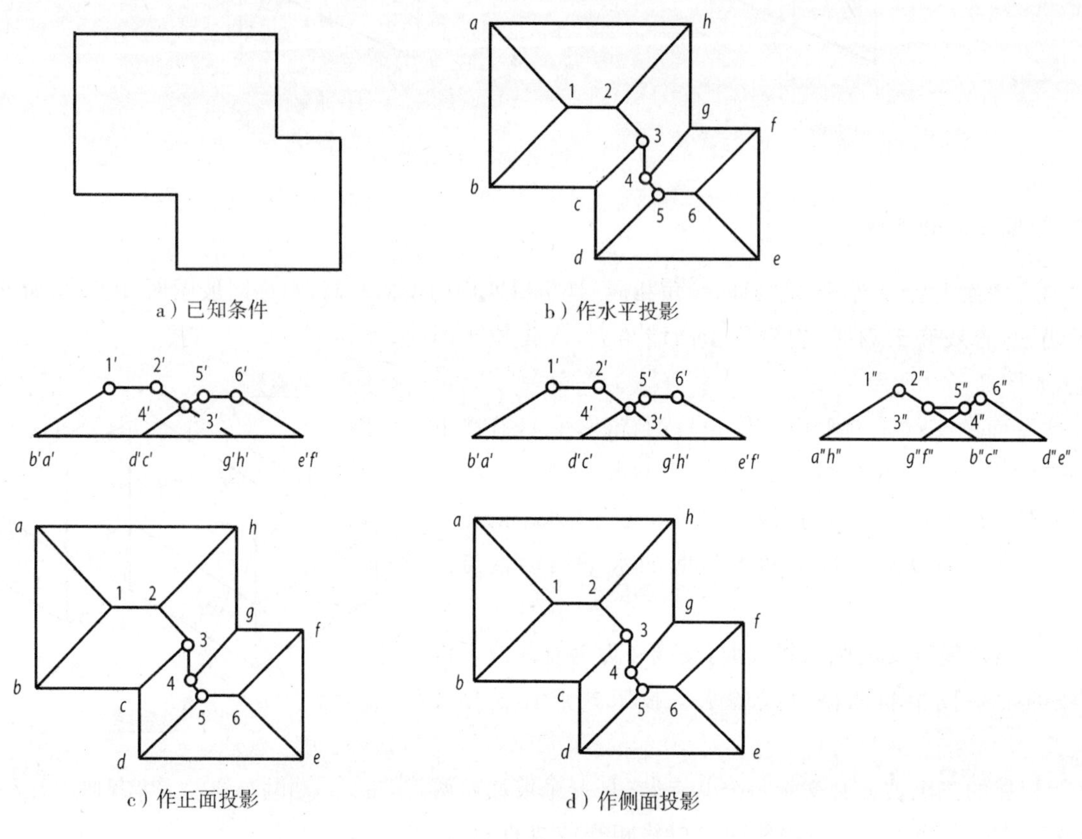

图 2-41 同坡屋面的投影

第四节 直线与平面、平面与平面的相对位置

直线与平面、平面与平面的相对位置，除了直线位于平面上或两平面共面的特例外，只可能是平行或相交。

本节中，只讨论直线和平面、平面和平面的相对位置中的几种特殊情况。

一、平行

1. 直线与特殊位置平面平行

直线与平面平行的几何条件是：平面外直线平行于平面上的任意一条直线。这样，就将线、面平行的问题转化成线、线平行的问题。

如图 2-42 所示，当平面为投影面的垂直面时，只要平面有积聚性的投影和直线的同面投影平行，或直线也为该投影面的垂线，则直线与平面必定平行。

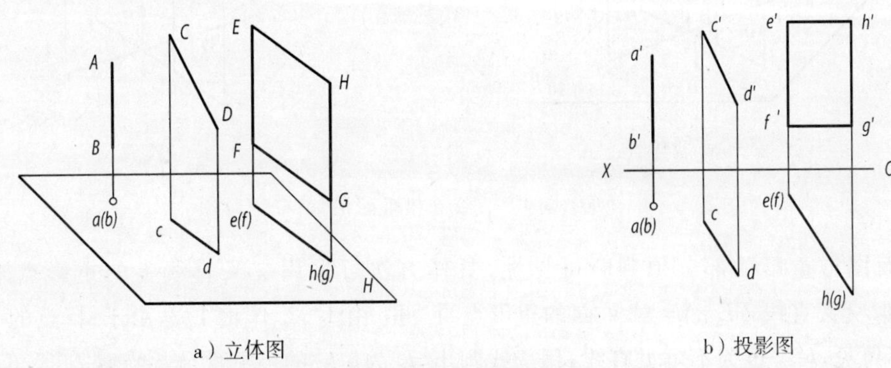

a）立体图　　b）投影图

图 2-42　直线与特殊位置平面平行

2. 两特殊位置平面平行

两平面平行的几何条件是：一平面内的两相交直线，对应平行于另一平面内的两相交直线。

如图 2-43 所示，当两平面同为某一投影面的垂直面时，只要它们的积聚投影平行，则两平面必定平行。

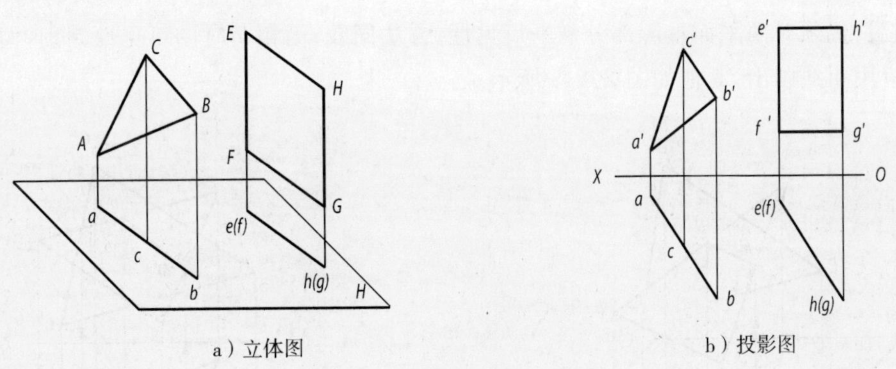

a）立体图　　b）投影图

图 2-43　两特殊位置平面平行

二、相交

直线与平面相交，必有一个交点，该点是直线与平面的共有点。两平面相交，必产生一条交线，该交线是两平面的共有线。求交线，可以转化为求交线上的两点。

1. 直线和特殊位置平面相交

如图 2-44 所示，由于平面 △DEF 在 H 面上积聚成线，因此，可以直接确定直线 AB 和 △DEF 的交点 K 的水平投影 k，然后根据 K 点在 AB 上，求出 K 点的正面投影 k'。

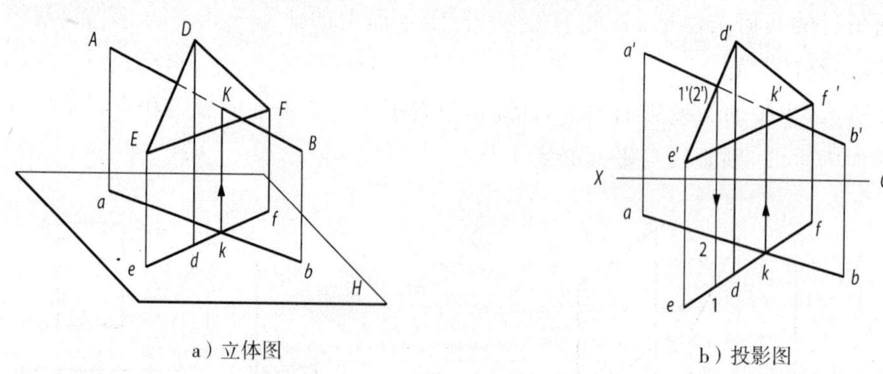

a）立体图　　b）投影图

图 2-44　直线和铅垂面相交

直线与平面图形重影的部分须判断可见性，具体方法可采用交叉直线上的重影点来判别。如图 2-44b) 所示，取交叉直线 DE、AB 对 V 面的重影点 Ⅰ、Ⅱ，由 1′、2′ 作出 1、2，由于 Ⅰ 点的 Y 坐标较大，故 1′ 可见，2′ 不可见，$k'2'$ 也为不可见直线，用虚线画出，k' 为 $a'b'$ 的可见性分界点，$k'b'$ 段可见，用粗实线画出。也可以用“上遮下、前挡后”的直观法进行判别：由水平投影可以看出，直线 AB 的 KB 段，位于平面 △DEF 的前面，因而 KB 段正面投影可见，用粗实线画出；可类似判断 KA 段的可见性。

2. 一般位置平面和特殊位置平面相交

求两平面交线的问题，常看作是求两个共有点的问题。如图 2-45 所示，欲求一般位置平面 △ABC 与铅垂面 △DEF 的交线，只要求出属于交线的任意两点（如 M、N）就可以了。显然，M、N 是 AC、BC 两边与铅垂面 △DEF 的交点，利用一般线与特殊面交点的求法（如图 2-45 所示）即可求得。

求出交线后，仍须对两平面重影部分判断可见性。方法同线、面相交时的可见性判别，但应注意，交线总是可见的，应用粗线画出，其他如图 2-45 所示。

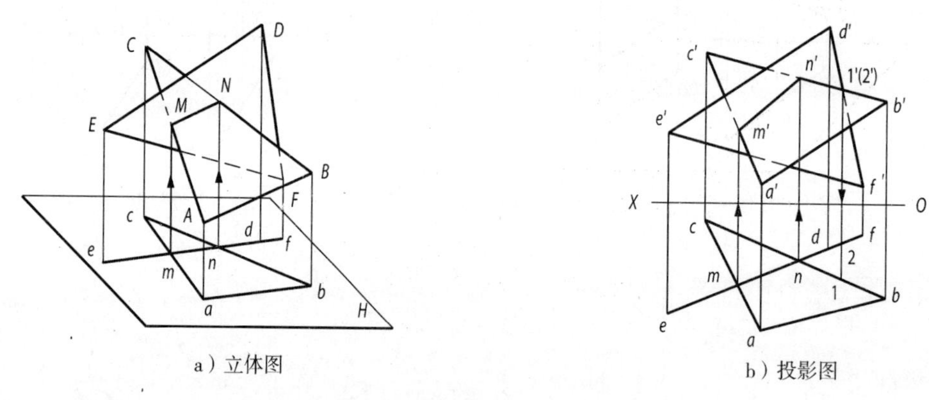

a）立体图　　b）投影图

图 2-45　一般位置平面与铅垂面相交

第三章　投影变换

学习目标：

掌握换面法和旋转法的作图方法及应用。

学习重点和难点：

用换面法和旋转法求解直线的实长、平面的实形以及它们之间的夹角和相互位置关系。

第一节　概　述

由表 3-1 可以看出，当空间的直线和平面对投影面处于一般位置时，则它们的投影既不反映真实大小，也不具有积聚性；当它们和投影面处于特殊位置时，则它们的投影有的反映真实大小，有的具有积聚性。从这里可以得到启示，当要解决一般位置几何元素的度量或定位问题时，如能把它们由一般位置转变成为特殊位置，问题就往往容易获得解决。投影变换正是研究如何改变直线或平面对投影面的相对位置或改变投影方向，以达到简化解题的目的。

表 3-1　直线、平面处于一般位置、特殊位置时的投影比较

	求距离	求实形	求夹角	求交点
一般位置	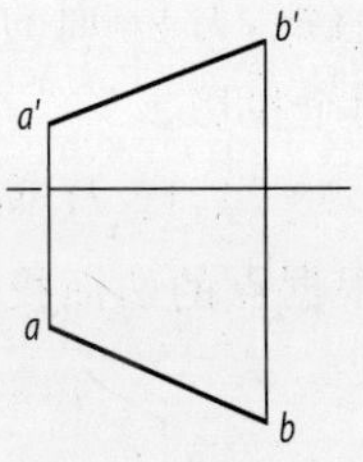	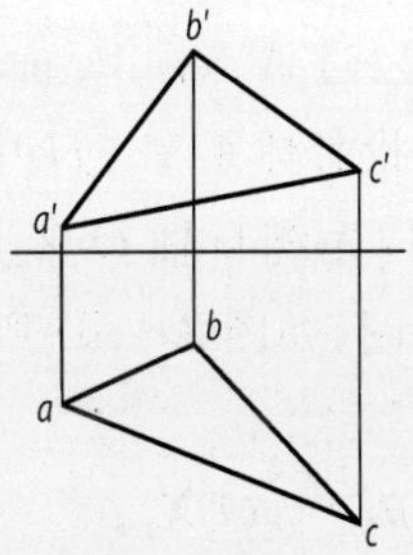	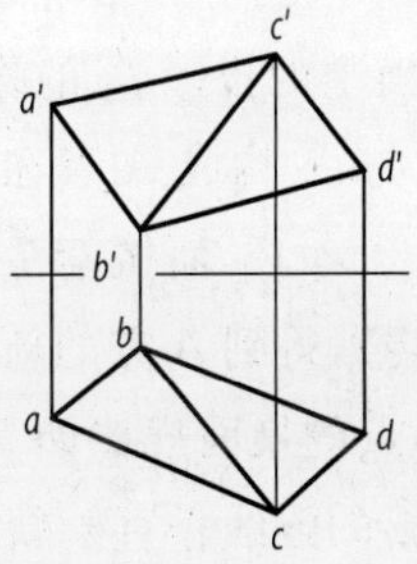	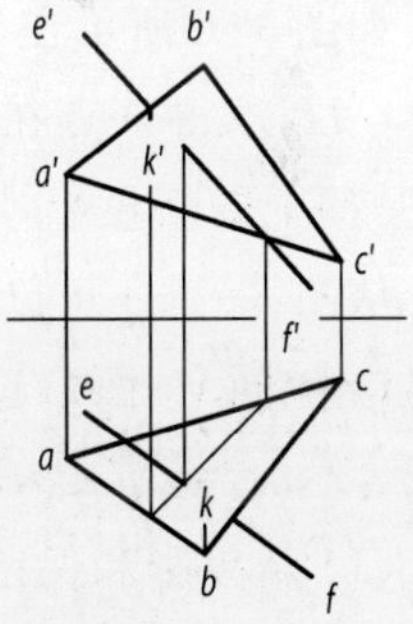
特殊位置	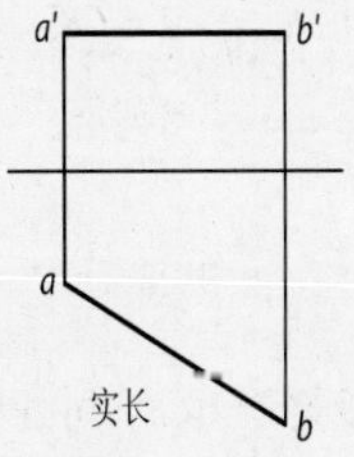 实长	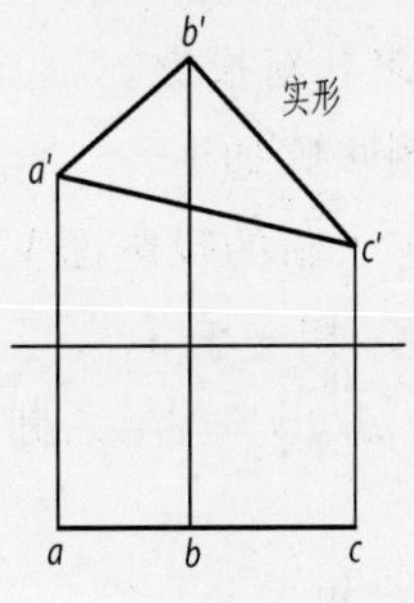 实形	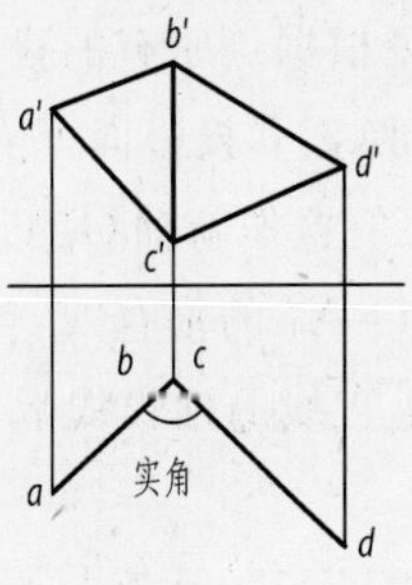 实角	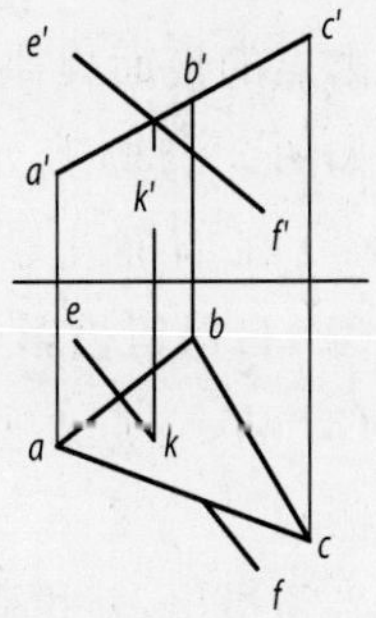
	两点之间距离	三角形实形	两平面夹角	直线与平面的交点

为了达到上述投影变换的目的，方法很多，可采取的基本方法有以下三种：

(1) 直线或平面的位置保持不变，用新的投影面来替换旧的投影面，使直线或平面对新投影面的相对位置处于特殊位置，然后找出其在新投影面上的投影，这种方法称为换面法。

(2) 投影面保持不动，使直线或平面绕某一轴旋转到特殊位置，然后找出其旋转后的新投影，这种方法称为旋转法。

(3) 直线或平面和投影面都保持不动，采用斜角投影使直线或平面的投影到原投影体系的某一投影面上的投影具有积聚性，有利于解题，这种方法称为斜投影法。斜投影法本章不作讨论。

第二节　换面法

换面法的关键是如何选择新的投影面，实质是如何确定新轴的方位。因此，新投影面的选择必须符合以下两个条件：

(1) 与保留投影面垂直。因换面法必须根据原投影面中的投影来求作新投影，所以新投影面必须与保留投影面垂直。组成新的两面投影体系后，便可按点在两面投影体系中的投影规律，由旧投影求出新投影。

(2) 使直线或平面处于有利于解题的位置。一般地说，是将原投影体系中的一般位置的线、面的全部或部分，变换成新投影体系中的特殊位置的线、面。

一、点的换面

1. 点的换面规律

如图 3-1 所示在 V/H 体系中有一个点 A，取一铅垂面 V_1 替换原正立投影面 V，形成一个新的投影体系 V_1/H，求得 A 点在 V_1 面上的投影 a'_1 的作法是：过 A 点向 V_1 面作垂直线，与 V_1 面的交点 a'_1 就是 A 点在 V_1 面上的新投影，则 a 与 a'_1 构成 A 点在新的投影体系 V_1/H 中的两个投影。

从图 3-1a) 可以看出，当 V_1 面按箭头方向，先绕新轴 O_1X_1 旋转 90°，后随 H 面绕旧轴 OX 旋转 90°(a'_1 随同 V_1 面一起旋转)，得到 A 点的新投影图，如图 3-1b) 所示。根据点的两面投影规律知：$aa'_1 \perp O_1X_1$，$a'_1a_{X1} = a'a_X$，即得点的换面规律如下：

(1) 新投影和保留投影的连线垂直于新轴，$aa'_1 \perp O_1X_1$；

(2) 新投影到新轴的距离等于旧投影到旧轴的距离，$a'_1a_{X1} = a'a_X$。

由点的换面规律，就可根据点原有的投影作出其新投影。

如图 3-1b) 所示，变换正立投影面 V 的作图步骤如下：

(1) 在 H 面上适当的位置作新轴 O_1X_1(选定了新的投影面 V_1)；

(2) 自保留投影 a 作 O_1X_1 的垂直线，与 O_1X_1 相交于 a_{X1}；

(3) 从 a_{X1} 起在所作垂直线的延长线上，量取 $a'_1a_{X1} = a'a_X$，即得新投影 a'_1(a'_1 与 a 分别位于 O_1X_1 轴的两侧)。

必须指出：新投影面距 A 点的远近与所得的结果无关($a'_1a_{X1} = a'a_X$ 关系不变)，因此在投影图上，新轴离保留投影的远近是可以任意选定的。为了保证投影图的清晰性不使投影重叠，尽量使新投影和保留投影分别位于新轴的两侧。

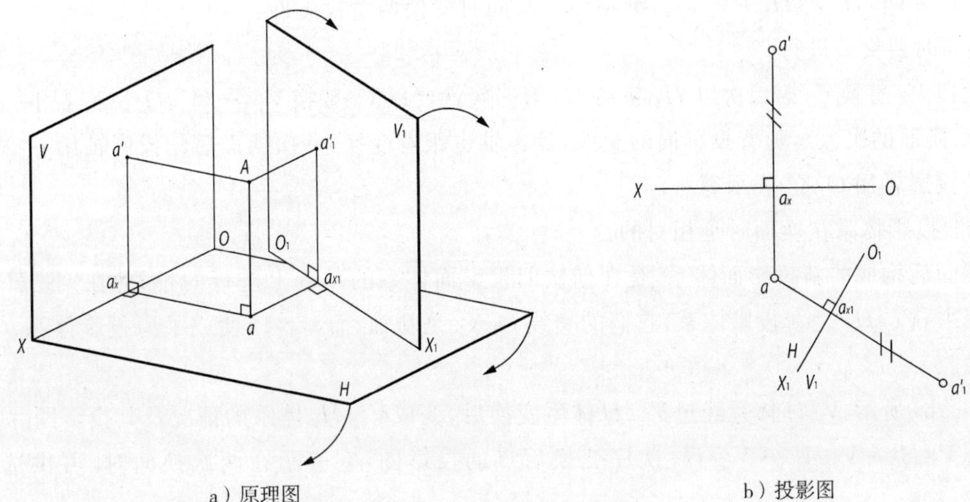

a）原理图　　　　b）投影图

图 3-1　点的一次换面(更换 V 面)

如图 3-2 所示,变换水平投影面 H 的作图步骤如下。

运用点的换面规律,求作点的新投影 a_1:

(1) 在 V 面上适当的位置作新轴 O_1X_1;

(2) 自 a' 向 O_1X_1 作垂直线,与 O_1X_1 相交于 a_{X1};

(3) 在 $a'a_{X1}$ 垂直线的延长线上过 a_{X1} 量取 $a_1a_{X1} = aa_X$,a_1 即为所求。

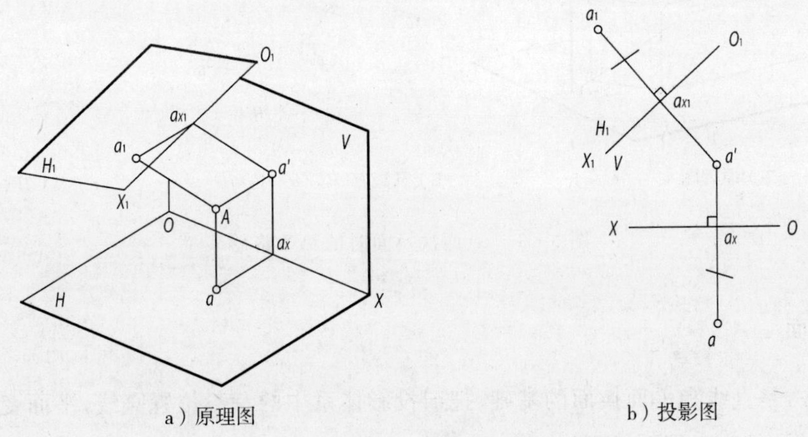

a）原理图　　　　b）投影图

图 3-2　点的一次换面(更换 H 面)

2.点的二次换面

有些空间几何问题,仅进行一次换面是不能解决问题的,必须进行两次换面或多次换面,才能求得解答。点在一次换面时的作图规律,也同样适用于点的两次换面或多次换面。那么,多次换面后的新投影又如何确定?必须掌握以下三个要点:

(1) 每次只能变换一个投影面。

如 $V/H \to V_1/H$，$V/H \to V/H_1$，绝不能一次同时变换两个投影面。

(2) 换面时要交替进行。

第一次以 V_1 替换 V，第二次以 H_2 替换 H，第三次就要以 V_3 替换 V_1，…（V、H 和 X 右下角的注脚 1、2、3、… 表示换面的次数）。随着投影面的交换，投影轴也跟着变换，一次换面后的投影轴用 O_1X_1 表示，两次换面后的投影轴用 O_2X_2 表示等。

(3) 新旧投影体系在换面时是相对的。

每次换面后构成的新投影面体系，是在前次旧投影面体系的基础上进行的，因此在 $V_1/H \to V_1/H_2$ 的变换过程中，V_1/H_2 是新投影体系，它们的交线 O_2X_2 是新轴，而 V_1/H 便成了原投影体系，O_1X_1 便成了原投影轴。

如图 3-3b) 所示，V/H 体系经过 V_1/H 体系变换后，变成 V_1/H_2 体系的情况及其投影图。如图3-3c) 所示则是按 $V/H \to V/H_1 \to V_2/H_1$ 次序变换后点的投影图，它表示在两次换面时，可供选择的两条路径。

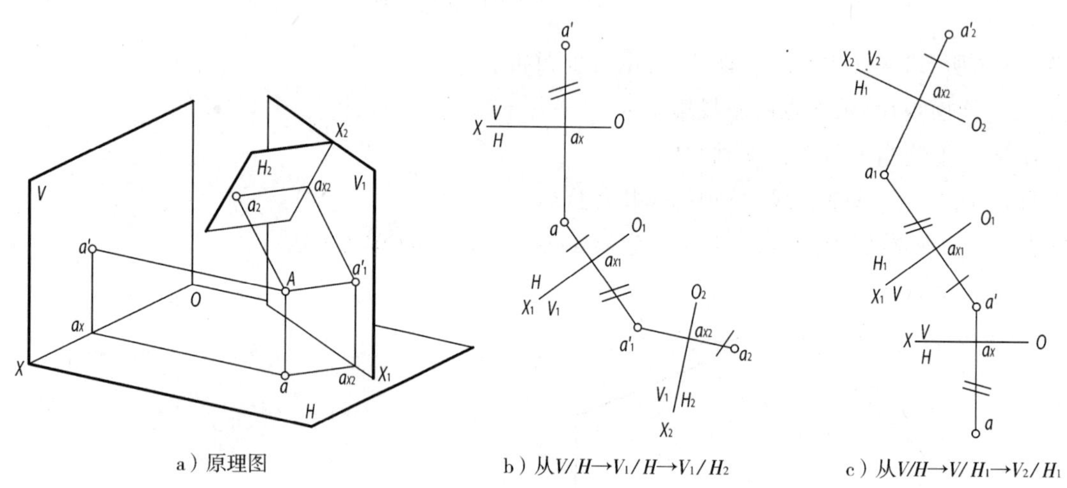

图 3-3　点两次换面时的两条路径

二、直线的换面

点的换面方法，是直线和平面换面的基础。把旧投影体系中的一般位置直线、平面变换成新投影体系中特殊位置直线、平面（垂直或平行）是直线、平面换面时的基本问题。换面时，必须考虑空间几何关系，合理确定新轴的位置。

1. 一般位置线变换成新投影面的平行线

如图 3-4a) 所示，用 V_1 替换 V 后，要使 AB 成为 V_1/H 新体系中 V_1 面的平行线，那么新投影面 V_1 如何选择呢？由于 V_1 面已假设平行于 AB，故 ab 必平行于 V_1 面与 H 面的交线 O_1X_1，V_1 面上的新投影 $a'_1b'_1$ 便反映了 AB 直线的实长。如图 3-4b) 所示，其作图步骤如下：

(1) 作 $O_1X_1 \parallel ab$（新轴平行于保留投影）；

(2) 按照点的换面规律：过 a、b 分别作直线垂直于 O_1X_1，交 O_1X_1 于 a_{X1}、b_{X1}，延长之，量取 $a'_1a_{X1}=a'a_X$，$b'_1b_{X1}=b'b_X$，求得新投影 a'_1、b'_1；

(3) 连接 a'_1、b'_1，则 AB 在 V_1/H 体系中变成了 V_1 面的平行线，则 $a'_1b'_1=AB$；$a'_1b'_1$ 与 O_1X_1 的夹角就是 AB 直线与 H 面（保留投影面）的倾角 α。

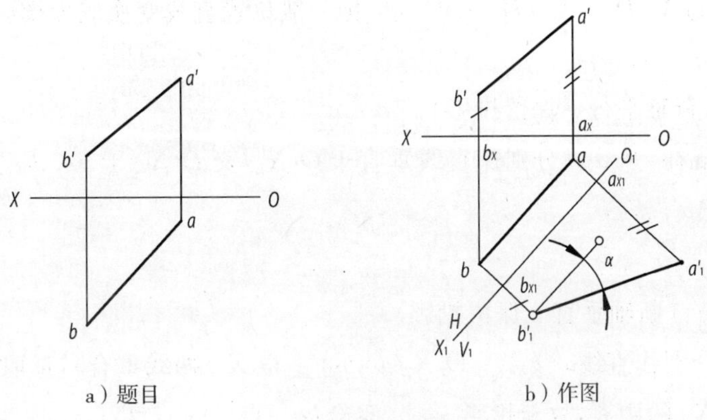

a）题目　　b）作图

图 3-4　一般位置直线变换成正平线并求 α 角

如果求直线 AB 对 V 面的倾角，则 V 面必须成为保留投影面，如图 3-5 所示，步骤如下：

(1) 作新轴 O_1X_1 平行于 $a'b'$；

(2) 按照点的换面规律：从 a'、b' 分别作直线垂直于 O_1X_1，交 O_1X_1 于 a_{X1}、b_{X1}，延长之，量取 $a_1a_{X1}=aa_X$，$b_1b_{X1}=bb_X$，求得 a_1、b_1；

(3) 连接 a_1、b_1。于是，AB 在 V/H_1 体系中变成 H_1 面的平行线，则 $a_1b_1=AB$（a_1b_1 反映出 AB 直线的实长），a_1b_1 与 O_1X_1 的夹角就是 AB 直线与 V 面（保留投影面）的夹角 β。

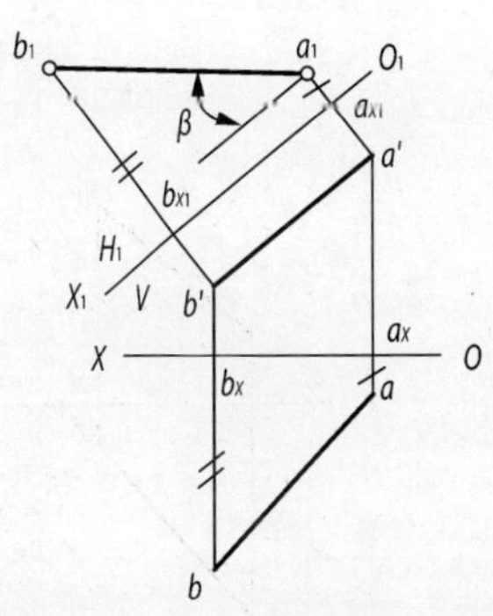

图 3-5　一般位置直线变换成水平线并求 β 角

由此可见，求一般位置直线对某个投影面的倾角，只要把该投影面作为保留投影面，经过一次换面就能得到。但要求对三个投影面倾角 α、β、γ，必须分别作三个不同的一次换面。

2. 平行线变换成新投影面的垂直线

在 V/H 体系中有一条水平线 AB，用 V_1 替换 V 后，要使 AB 成为 V_1/H 新体系 V_1 面的垂直线，那么新投影面如何选择呢？由于 V_1 面已假设垂直于 AB，故 ab 必须垂直于 V_1 面与 H 面的交线 O_1X_1，如图 3-6 所示，作图步骤如下：

(1) 作 $O_1X_1\perp ab$（新轴垂直于保留投影）；

(2) 按照点的换面规律，过 a、b 两点分别作直线 $aa_{X1}\perp O_1X_1$、$bb_{X1}\perp O_1X_1$（a_{X1}、b_{X1} 重合为一点），量取 a'_1、b'_1 到 O_1X_1 的距离，它等于 a'、b' 到 OX 距离；因 $a'b'$ 到 OX 的距离相等，故投影 a'_1、b'_1 重合为一点。

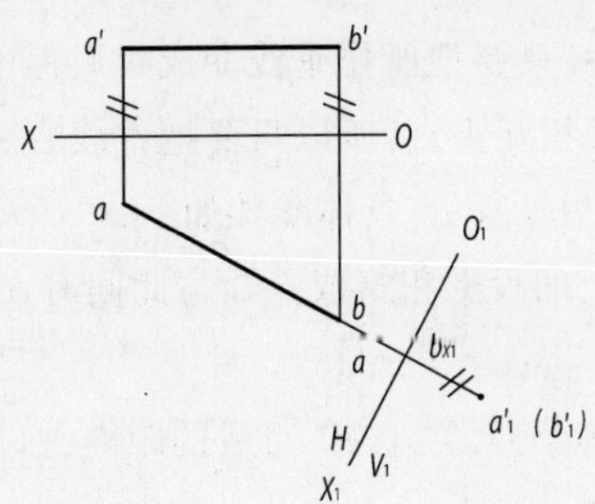

图 3-6　平行线变换成正垂线

3. 一般位置直线变换成新投影面的垂直线

将一般位置直线变换成垂直线，只换一次投影面是不行的。因为使一个新投影面垂直于一般位置直线时，新投影面肯定不垂直于某个原投影面。因此，必须先将一般位置直线变换成平行线后，再将平行线变换成垂直线（两次换面）。

如图 3－7 所示，通过 $V/H \rightarrow V_1/H \rightarrow V_1/H_2$ 把一般位置直线变换成为投影面的垂直线，具体步骤如下：

(1) 作 $O_1X_1 \parallel ab$（新轴平行于保留投影）；

(2) 按照点的换面规律：从 a、b 分别作直线垂直于 O_1X_1，交 O_1X_1 于 a_{X1}、b_{X1}，延长之，量取 $a'_1a_{X1} = a'a_X$、$b'_1b_{X1} = b'b_X$，求出 a'_1、b'_1；

(3) 连接 a'_1、b'_1；

(4) 作 $O_2X_2 \perp a'_1b'_1$（新轴垂直于保留投影）；

(5) 过 a'_1、b'_1 两点分别作直线 $a'_1a_{X2} \perp O_2X_2$、$b'_1b_{X2} \perp O_2X_2$（两线重合），量取 a_2a_{X2}、b_2b_{X2} 到 O_2X_2 的距离，它等于 a、b 到 O_1X_1 的距离，故新投影 a_2、b_2 重合为一点。

也可通过 $V/H \rightarrow V/H_1 \rightarrow V_2/H_1$ 达到同样的目的，如图 3－8 所示，具体作法步骤略。

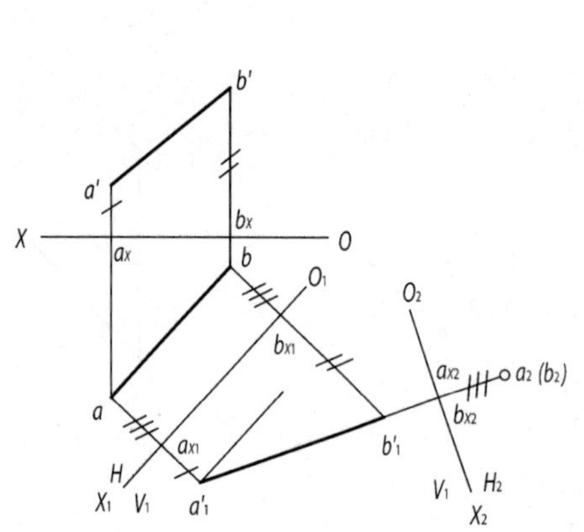

图 3－7　一般位置直线变换成铅垂线

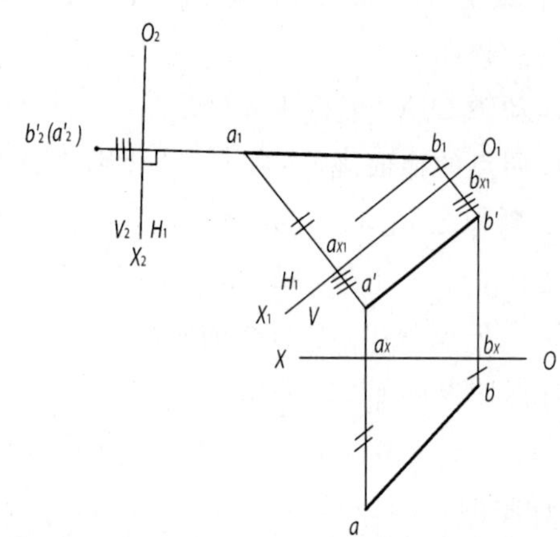

图 3－8　一般位置直线变换成正垂线

【例 3－1】　如图 3－9a) 所示，求点 C 到直线 AB 的距离。

【解】　求点到直线的距离，实际上是求点向直线所作垂线的长度。只要把所作垂线变成投影面的平行线，它的长度就能在投影图上直接反映出来。又因为所作垂线与直线相互垂直，所以只要把直线变成新投影面的垂直线，那么所作垂线就变成新投影面的平行线了。如图 3－9b) 所示，具体步骤如下：

(1) 用两次换面法将 AB 直线变成投影面的垂直线（在新投影面上的投影积聚成点），与此同时，C 点也跟着交换；

(2) 将两点 c_2、$b_2(a_2)$ 连接起来。c_2b_2 的长度就是垂线的长度，就等于 C 点到 AB 直线的距离。

如要求垂线的投影，可过 c'_1 作直线平行于 O_2X_2（垂线为 V_2 面的平行线），并交于 $a'_1b'_1$ 上某一点 d'_1，$c'_1d'_1$、c_2d_2 即为垂线的投影。返回原投影，就得到垂线 CD 的两面投影。

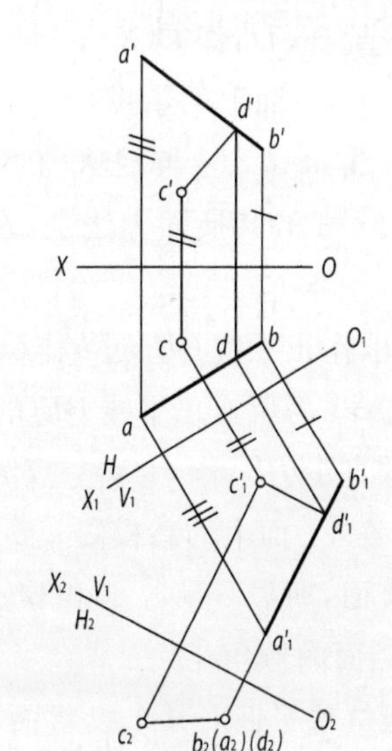

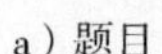

a）题目　　　　b）作图

图 3-9　求点到直线的距离

三、平面的换面

1. 一般位置平面变换成新投影面的垂直面

如图 3-10a) 所示，要使平面 $\triangle ABC$ 成为新投影面的垂直面，平面上必有一条直线(例如 CD) 垂直于新投影面；当直线为投影面的平行线时(CD 为水平线)，一次换面能使它变为垂直线。所以，新投影面应垂直于 $\triangle ABC$ 上与保留投影面相平行的某一条直线。这样新投影面就同时垂直于 $\triangle ABC$ 和保留投影面。因此把一般位置平面变换成 V_1 的垂直面、并求 α 角的作图步骤如下，如图 3-10b) 所示。

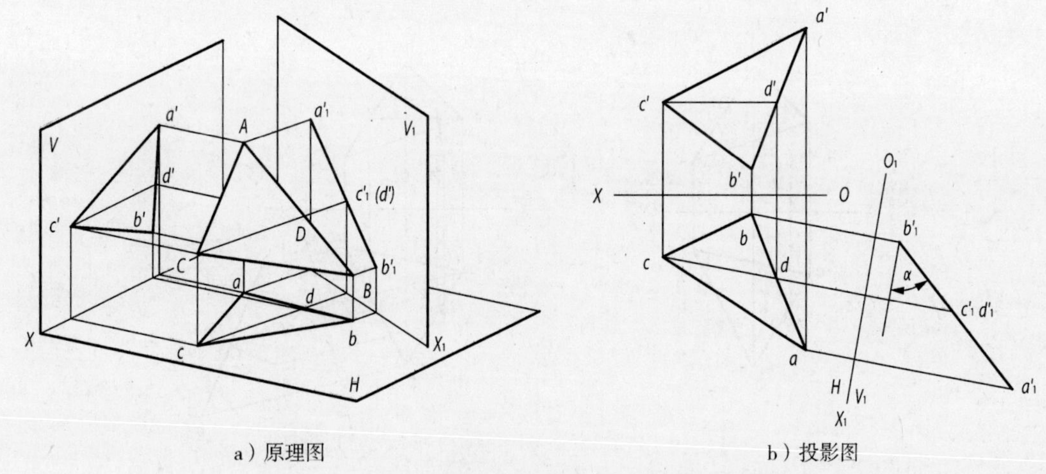

a）原理图　　　　b）投影图

图 3-10　一般位置平面变换成正垂面并求 α 角

(1) 在 $\triangle ABC$ 上求作水平线 CD：过 c' 作 OX 的平行线，并与 $a'b'$ 相交于 d'，由 d' 得 d，则 cd、$c'd'$ 为所作水平线 CD 的两面投影。

(2) 选择 V_1 面垂直于 CD：作 $O_1X_1 \perp cd$。

(3) 求出 $\triangle ABC$ 在 V_1 面上的新投影 $a'_1b'_1c'_1$，由于 $\triangle ABC$ 在 V_1/H 体系中为 V_1 面的垂直面，所以 $a'_1b'_1c'_1$ 必积聚成一直线，$a'_1b'_1c'_1$ 与 O_1X_1 的夹角为 $\triangle ABC$ 与 H 面的倾角 α。

求平面与 V 面的倾角 β，其换面方法是：在面内取一条正平线即可，V 面为保留投影面，作图步骤如下，如图 3－11 所示。

(1) 在 $\triangle ABC$ 上求作正平线 BE：过 b 作 OX 的平行线，并与 ac 相交于 e，由 e 得 e'，则 be、$b'e'$ 为所作正平线 BE 的两面投影；

(2) 选择 H_1 面垂直于 BE：作 $O_1X_1 \perp b'e'$；

(3) 求出 $\triangle ABC$ 在 V_1 面上的新投影 $a_1b_1c_1$：由于 $\triangle ABC$ 在 V/H_1 体系中是 V_1 面的垂直面，所以 $a_1b_1c_1$ 必积聚成一直线，$a_1b_1c_1$ 与 O_1X_1 的夹角为 $\triangle ABC$ 与 V 面的倾角 β。

由此可见，求一般位置平面对某个投影面的倾角，只要作出该投影面的面内平行线，将其换成垂直线(经过一次换面)后就能求得。

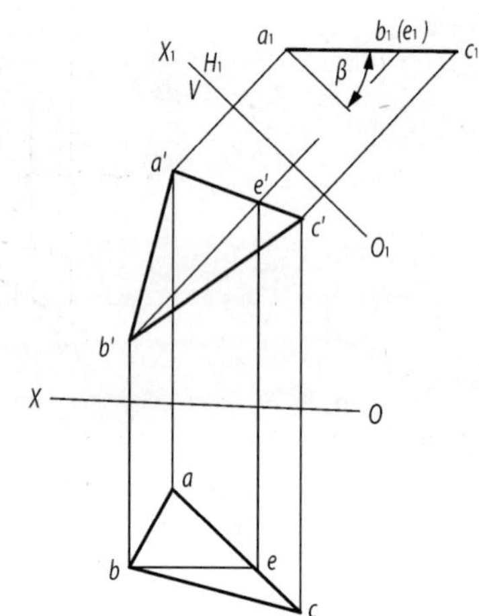

图 3－11　一般位置平面变换成铅垂面并求 β 角

【例 3－2】　如图 3－12a) 所示，求点 D 到平面 $\triangle ABC$ 的距离。

【解】　点到平面的距离，就是点向平面作的垂线的长度。当平面变换成新投影面的垂直面时，垂线就变成新投影面的平行线，其投影长就等于距离了。具体步骤如下，如图 3－12b) 所示。

(1) 将 $\triangle ABC$ 换成新投影面的垂直面(一次换面)，点 D 也跟着变换；

(2) 过 d'_1 点向 $b'_1a'_1c'_1$ 作垂线，交于某一点 e'_1，此线 $d'_1e'_1$ 的长度即为垂线的实长(D 点到平面 $\triangle ABC$ 的距离)。

如果求垂线的投影，可过 d 作直线平行于 O_1X_1(垂线为 V_1 面的平行线)，并交于 $\triangle abc$ 上 e 点。$d'_1e'_1$、de 即为垂线的投影。返回原投影，就得到垂线 DE 的投影。

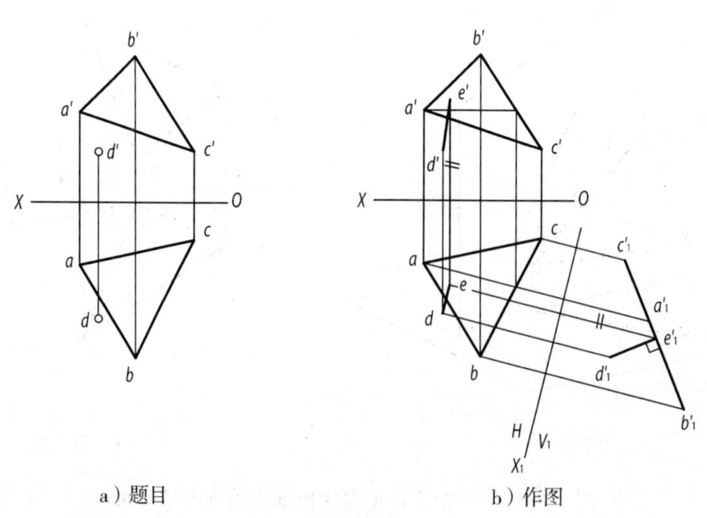

a) 题目　　b) 作图

图 3－12　点到平面的距离

2. 垂直面交换成新投影面的平行面

如图 3－13a) 所示，要把铅垂面 $\triangle ABC$ 换成新投影面的平行面，那么新投影面如何选择呢？可以知道，平行面的投影特性为其他投影积聚成线且平行于对应的投影轴。所以，只要使新投影轴平行于平面积聚成线的那个投影，经过一次换面，就能使平面变为新投影面的平行面。作图步骤如下，如图 3－13b）所示。

（1）用 V_1 替换 V：作 O_1X_1 // abc 平面（新轴平行于平面积聚性投影）；

（2）按照点的换面规律，分别求出 a、b、c 在 V 投影面上的投影a'_1、b'_1、c'_1；

（3）连接$a'_1c'_1$、$a'_1b'_1$、$b'_1c'_1$，则 $\triangle a'_1b'_1c'_1$ 反映 $\triangle ABC$ 的实形。

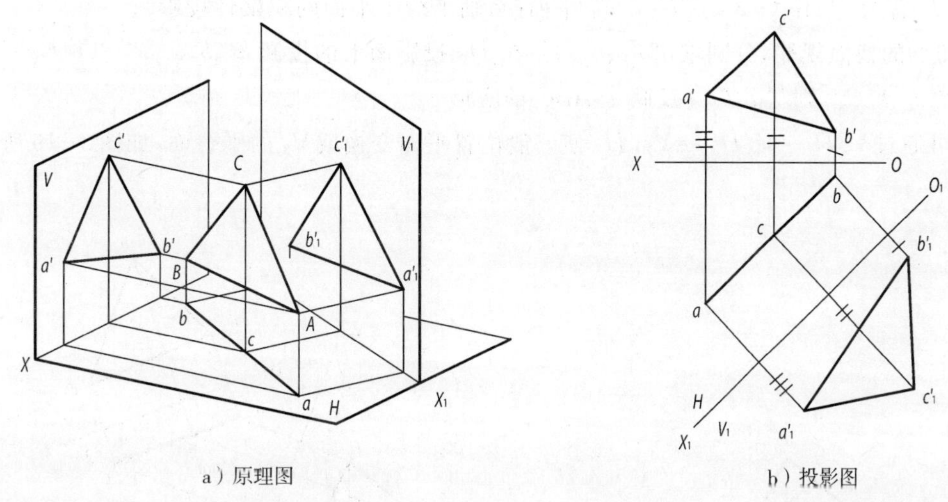

a）原理图　　　　b）投影图

图 3－13　铅垂面变换成正平面

3. 一般位置平面变换成新投影面的平行面

一般位置平面经过一次换面，可换为新投影面的垂直面；投影面的垂直面经过一次换面，可成为新投影面的平行面。因此，要将一般位置平面变换为新投影面的平行面，必须经过二次换面。

如图 3－14 所示，是通过 $V/H \rightarrow V_1/H \rightarrow V_1/H_2$ 把一般位置平面变换成 H_2 的平行面，作图步骤如下：

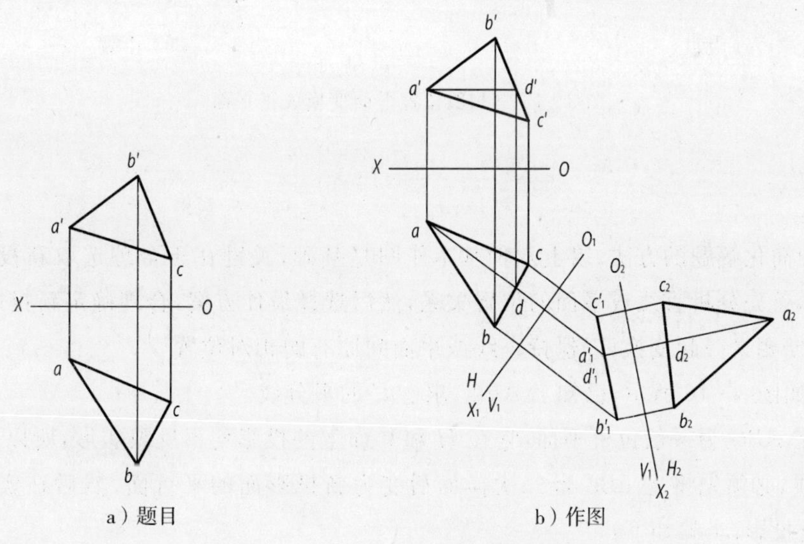

a）题目　　　　b）作图

图 3－14　一般位置平面变换成水平面

(1) 在 $\triangle ABC$ 上求作水平线 AD:过 a' 作 OX 的平行线,并与 $b'c'$ 交于 d',由 d' 求得 d,则 ad、$a'd'$ 为所作水平线 AD 的两面投影;

(2) 选择 V_1 面垂直于 AD:作 $O_1X_1 \perp ad$;

(3) 求 $\triangle ABC$ 在 V_1 面上的新投影 $b'_1a'_1c'_1$:由于 $\triangle ABC$ 在 V_1/H 体系中为 V_1 面的垂面,所以 $b'_1a'_1c'_1$ 积聚成一直线;

(4) 用 H_2 替换 H:作 $O_2X_2 /\!/ b'_1a'_1c'_1$ 平面(新轴平行于平面的积聚性投影);

(5) 按照点的换面规律,分别求出 a'_1、b'_1、c'_1 在 H_2 投影面上的投影 a_2、b_2、c_2;

(6) 连接 a_2、b_2、c_2,则 $\triangle a_2b_2c_2$ 反映 $\triangle ABC$ 的实形。

当然也可通过 $V/H \rightarrow V/H_1 \rightarrow V_2/H_1$ 使一般位置平面变换成 V_2 的平行面,如图 3-15 所示,具体步骤略。

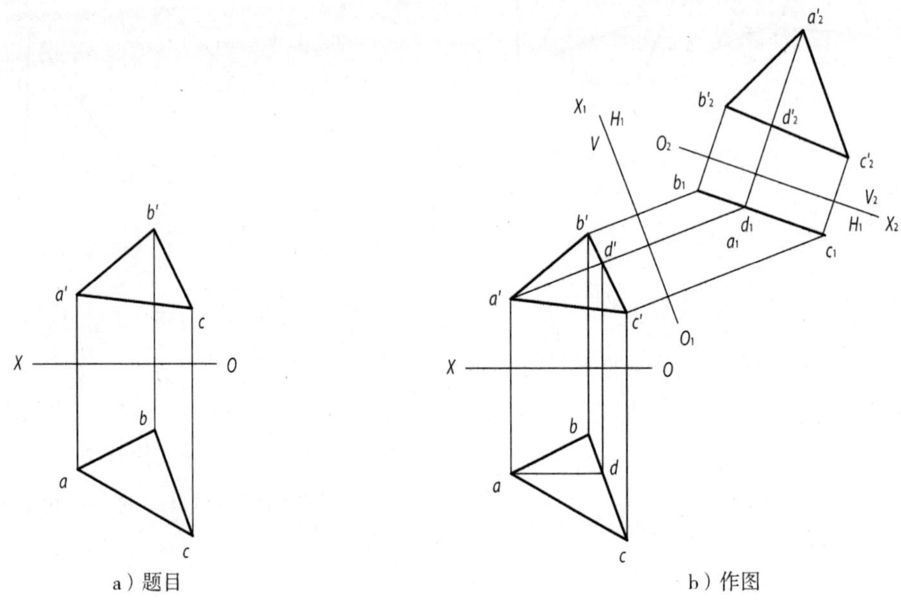

a)题目　　b)作图

图 3-15　一般位置平面变换成正平面

四、综合问题

换面法是一种简化解题的方法。以上六种基本作图是基础,关键在于合理选取新投影轴和运用点的换面规律。解题时,首先分析直线或平面的位置关系,然后选择最佳方案,合理确定新投影轴。换面求新投影时,要将所有几何要素一起变换,以保持直线或平面间原有的相对位置。

【例 3-3】 如图 3-16 所示,已知 $\triangle ABC$,求 $\angle C$ 的平分线。

【解】 由于 $\triangle ABC$ 为一般位置平面,它在 H 和 V 面上的投影均不反映实形,所以要求 $\triangle ABC$ 平面上 $\angle C$ 的角平分线,必须先将 $\triangle ABC$ 经二次换面后变为新投影面的平行面。然后在实形 $\triangle a_2b_2c_2$ 上求 $\angle C$ 的角平分线及投影,步骤如下:

(1) 在 $\triangle ABC$ 上求作水平线 AD:过 a' 作 OX 的平行线,并与 $b'c'$ 相交于 d',由 d' 得 d,则 ad、$a'd'$ 为所作水平线 AD 的两面投影;

(2) 选择 V_1 面垂直于 AD：作 $O_1X_1 \perp ad$；

(3) 求出 $\triangle ABC$ 在 V_1 面上的新投影 $b'_1a'_1c'_1$：由于 $\triangle ABC$ 在 V_1/H 体系中为 V_1 面的垂直面，所以 $b'_1a'_1c'_1$ 必积聚成一直线；

(4) 用 H_2 替换 H：作 $O_2X_2 \parallel b'_1a'_1c'_1$ 平面；

(5) 按照点的换面规律，分别求出 a'_1、b'_1、c'_1 在 H_2 投影面上的投影 a_2、b_2、c_2；

(6) 连接 a_2、b_2、c_2，则 $\triangle a_2b_2c_2$ 反映 $\triangle ABC$ 的实形；

(7) 用几何作图的方法在 $\triangle a_2b_2c_2$ 上画 $\angle c_2$ 的角平分线 c_2e_2，再逆向作图，由 e_2 求出 e'_1 和 e、e'，连接 ce、$c'e'$ 即得所求。

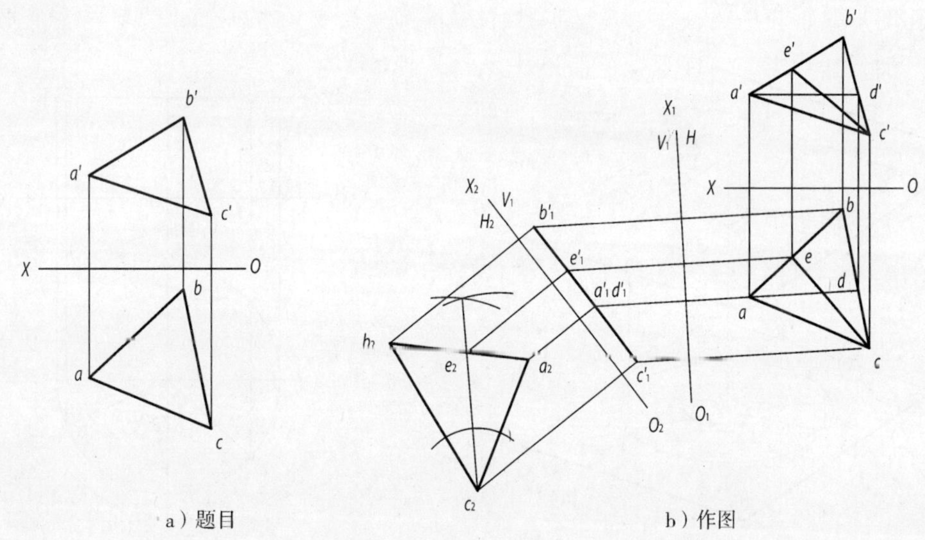

a）题目　　b）作图

图 3－16　求 $\triangle ABC$ 中 $\angle C$ 的角平分线及投影

第三节　旋 转 法

一、基本概念

旋转法是使投影面保持不动，将直线或平面绕某一根轴线旋转一 θ 角后，使其处于有利于解题的位置，再向投影面作投影。当旋转轴确定后，空间几何形体旋转的投影是如何变化呢?首先研究空间一个点的旋转情况。

如图 3－17 所示，空间有一点 A，以 O 为中心、OA 为半径绕轴 OO 作圆周运动旋转到 A_1 的位置。在旋转过程中，O 叫做旋转中心、OA 叫做旋转半径，旋转过的角度 θ 叫做旋转角，圆所在的平面 P 称为旋转平面。旋转点 A、旋转轴 OO、旋转平面 P、旋转中心 O 和旋转半径 OA，称为旋转的五要素。

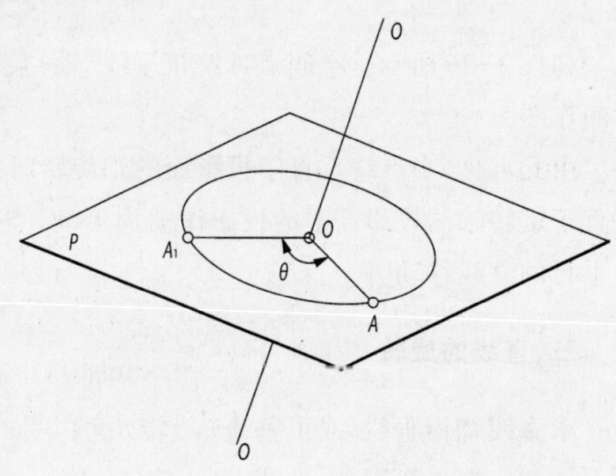

图 3－17　点的旋转

在解决各种问题时，为作图方便，通常选用垂直于投影面或平行于投影面的直线为旋转轴。前者称为绕垂直轴旋转，后者称为绕平行轴旋转。

二、点的旋转

如图 3－18a) 所示，旋转轴 OO 为铅垂线（称绕铅垂轴旋转），则 A 点的旋转平面 P 必为水平面，其旋转中心是轴 OO 与旋转平面 P 的交点，旋转半径是 OA。A 点的旋转轨迹（圆周）在 H 面上的投影反映实形，它在 V 面上的投影则是一条平行于 OX 轴的直线。当 A 点旋转一个 θ 角后到 A_1 位置时，其水平投影 a 也旋转 θ 角到 a_1 的位置，其正面投影 a' 平移到 a'_1 的位置，$a'a'_1$ 的连线平行于 OX 轴，如图 3－18b) 所示是其投影图，作图步骤如下：

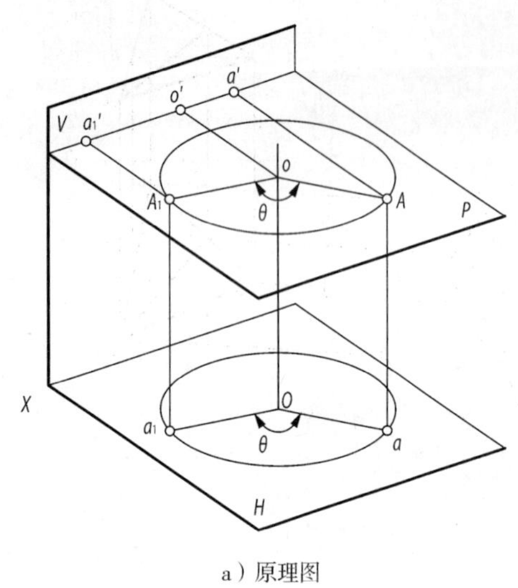

a) 原理图

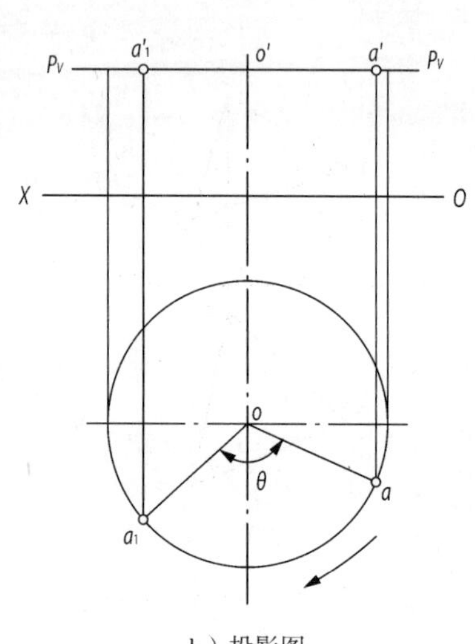

b) 投影图

图 3－18　点绕铅垂轴旋转

(1) 以 o 为圆心、ao 为半径画旋转角为 θ 的圆弧，得 a_1；

(2) 过 a' 作 OX 的平行线；

(3) 过 a_1 作 OX 的垂直线，它与过 a' 作的平行线交于一点，此点为 a'_1。

如图 3－19 所示是空间点 A 绕正垂线（轴）旋转 θ 角后到新位置 A_1 时的作图。

由此可见，当点绕垂直于投影面的轴旋转时，其投影规律为：点在垂直于旋转轴的投影面上的投影作圆周运动，点的另一投影则与 OX 轴平行的直线移动。

图 3－19　点绕正垂轴旋转

三、直线的旋转

求直线绕铅垂线（或正垂线）旋转 θ 角以后的新投影，只要使该直线上的两个端点绕同轴、沿同方向、旋转同角后再连接起来，就得到直线旋转后的新投影。

直线绕垂直于投影面的轴旋转时，其投影规律为：直线在与旋转轴垂直的投影面上的投影长度不变，另一投影的两个端点与投影轴的坐标差不变。

1. 平行线旋转成垂直线（以水平线为例，旋转轴为铅垂线）

如图 3－20 所示为水平线 CD 绕过 D 点的铅垂线（轴）旋转变成正垂线的情形。作图步骤如下：

（1）以 d 为圆心、将 cd 旋转 θ 角，使得 cd（即为 c_1d）垂直于 OX 轴（一投影长不变）；

（2）根据直线绕垂直于投影面的轴旋转时的投影规律，过 c' 作平行于 OX 轴的平移运动后与 d' 重合为一 c'_1（另一投影的坐标差不变）。

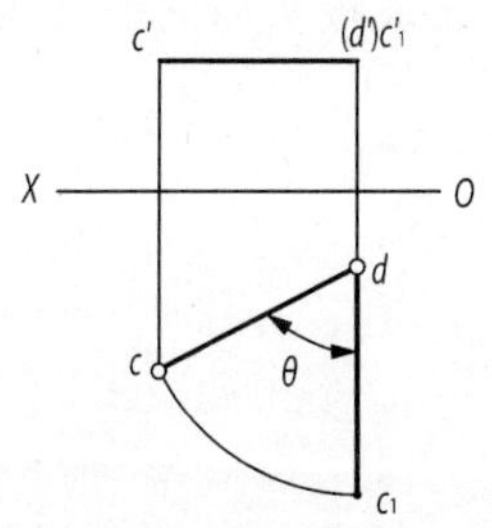

图 3－20　水平线旋转成正垂线

2. 一般位置直线旋转成平行线（以旋转轴为正垂线为例）

如图 3－21 所示直线 AB 绕过 B 点的正垂线（轴）旋转成水平线的作图方法。其轴 OO 通过直线 AB 上的 B 点（轴 OO 未画出），此点在旋转时位置不变。所以只要旋转另一点 A 即可，作图步骤如下：

（1）以 b' 为圆心，$a'b'$ 为半径画圆弧，再过 b' 作 OX 轴的平行线，它与所作圆弧的交点即为 A 点旋转后的正面投影 a'_1；

（2）由 a 作直线平行于 OX，此直线与自 a'_1 所作 OX 的垂直线交于 a_1，a_1 即为 A 点旋转后新的水平投影；

（3）连接 b 和 a_1、b' 和 a'_1，即得所求 AB 直线旋转后的新投影（a_1b、a'_1b'），这时，由于 AB 直线是水平线，所以 a_1b 反映 AB 直线的实长，a_1b 与 OX 轴的夹角反映出 AB 直线与 V 面的倾角 β。

如图 3－22 所示，将一般位置直线 AB 旋转成水平线的另一作图方法。

将 AB 绕正垂线（轴）旋转成水平线，但图中不是旋转线段上 A，B 点，而是将 AB 和旋转轴（正面投影积聚成点 o'）的公垂线 OK 和 AB 直线一起绕旋转轴旋转。这时，K 点的旋转中心是 O，旋转半径是 OK。现将 OK 旋转 θ 角，使 OK 的新投影 $O'K'_1$ 垂直于 H 面，则 AB 直线也跟着旋转到平行于 H 面的位置。因此，$a'_1b'_1$ 平行于 OX 轴，a_1b_1 反映 AB 直线的实长，a_1b_1 与 OX 轴的夹角，反映出 AB 直线与 V 面的倾角 β。

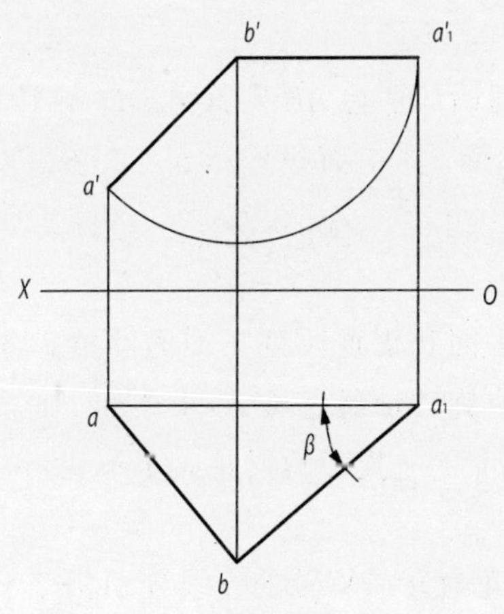

图 3－21　一般位置直线旋转成水平线方法之一（过端点 B 的轴）

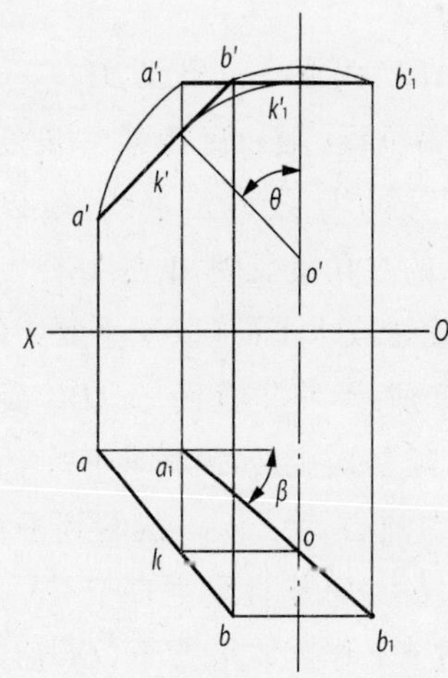

图 3－22　一般位置直线旋转成水平线方法之二（过线外的轴）

3. 一般位置直线旋转成垂直线

要使一般位置直线绕垂直于投影面的轴旋转成为投影面的垂直线，必须旋转两次：先将一般位置直线旋转成投影面的平行线，然后再旋转一次，变成投影面的垂直线，如图 3－23 所示。

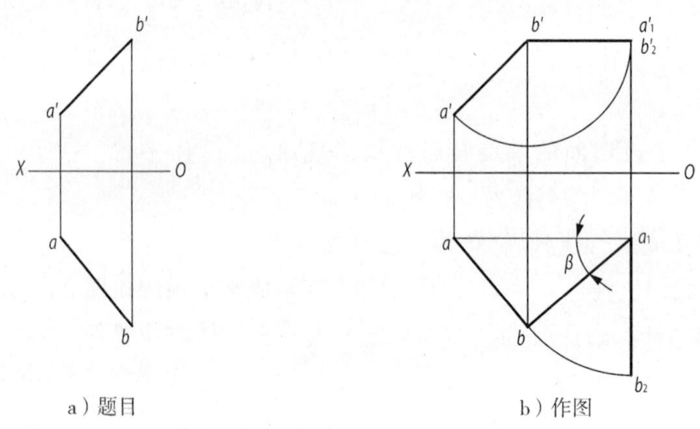

图 3－23 一般位置直线旋转成正垂线

四、平面的旋转

平面绕垂直轴旋转时，其投影规律为：在垂直于旋转轴的投影面上的投影(形状和大小)不变，另一投影(图形上各点)在与旋转轴平行的投影轴上的坐标差不变。简言之，一个投影的形状大小不变，另一个投影的坐标差不变。

1. 一般位置平面旋转成垂直面

如果平面上有一直线垂直于某一投影面时，此平面必垂直于该投影面。所以，必须设法在平面上取一条投影面的平行线，将该直线(连同平面一起)旋转成某个投影面的垂直线时，平面也就旋转成该投影面的垂直面了。

如图 3－24 所示为一般位置平面 $\triangle ABC$，绕铅垂线(轴)按逆时针方向旋转某一角度后，变成正垂面的作图步骤如下：

(1) 在 $\triangle ABC$ 内取一水平线 BD；

(2) BD 绕铅垂线(轴)旋转某一角度后垂直于 V 面，同时，使 $\triangle ABC$ 随同 BD 旋转同一角度至 $A_1B_1C_1$ 的位置，因 BD 线为正垂线，所以，$\triangle A_1B_1C_1$ 为正垂面，其正面投影 $a'_1b'_1c'_1$ 必积聚成一直线，$a'_1b'_1c'_1$ 与 OX 的夹角就反映出 $\triangle ABC$ 与 H 面的倾角 α。

2. 垂直面旋转成水平面(以正垂面为例，旋转轴为正垂线)

如图 3－25 所示，将正垂面 $\triangle ABC$ 旋转成水平面，因水平面和正垂面对 V 面的倾角 β 均为 90°，以正垂线为旋转轴，经一次旋转，就可将正垂面旋转成水平面。现取旋转轴通过点 A，步聚如下：

(1) 以 a' 为圆心，将 $a'b'c'$ 旋转到平行于 OX 的位置 $a'b'_1c'_1$(一投影的形状大小不变)；

(2) 分别过 b'_1、c'_1 作直线垂直于 OX 轴；

(3) 分别过 b、c 作直线平行于 OX 轴，它们与过 b'_1、c'_1 作垂直于 OX 轴的直线分别相交于 b_1、c_1(另一投影的坐标差不变)。$\triangle ab_1c_1$ 和 $\triangle a'b'_1c'_1$ 即为 $\triangle ABC$ 旋转成水平面后的两面投影，$\triangle ab_1c_1$ 为 $\triangle ABC$ 的实形。由此可见，旋转法求实形比较方便。

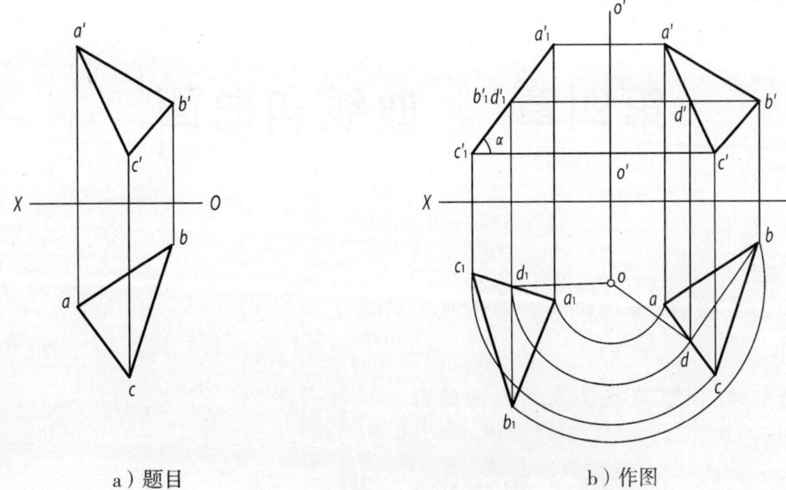

a）题目　　b）作图

图 3-24　平面的旋转

3. 一般位置面旋转成平行面

由图 3-24 和图 3-25 可知，将一般位置平面旋转成投影面的垂直面、垂直面旋转成投影面的平行面，均只需一次旋转。平面绕铅垂线（轴）旋转时，α 角不变；绕正垂线（轴）旋转时，β 角不变，绕侧垂线（轴）旋转时，γ 角不变。而要把一般位置平面变成投影面的平行面，需要旋转两次。将图 3-24 和图 3-25 所示过程叠加，便可得到将一般位置平面旋转成水平面的投影图（图略）。同理，也可将一般位置平面旋转成正平面或侧平面。

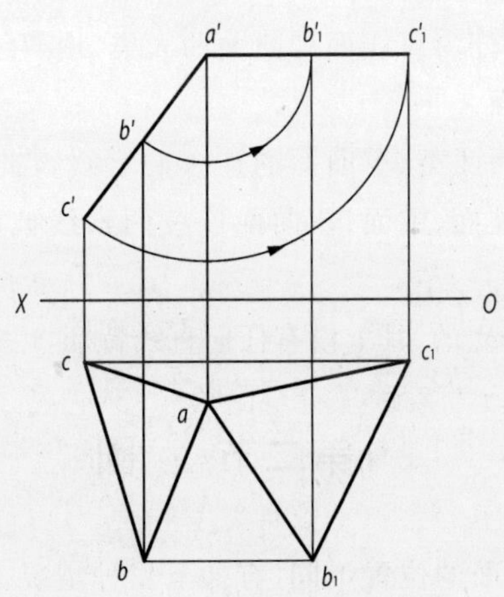

图 3-25　正垂面旋转成水平面

第四章　曲线和曲面

学习目标：

掌握曲线和曲面形成规律；掌握曲线和曲面投影的画法。

学习重点和难点：

圆、一般曲线、圆柱螺旋线、直线面及曲线面的形成和投影画法。

第一节　概　述

曲线是动点不在一条直线上连续运动的轨迹，也可以看成是两曲面、或平面与曲面相交而成的交线。

按点的运动有无规律，曲线可分为规则和不规则曲线，通常只研究规则曲线。根据曲线上点的分布可分为两类：

(1) 平面曲线 —— 其上所有的点都在同一平面内，如二次曲线、渐开线以及曲面与平面的交线；

(2) 空间曲线 —— 任意连续四个点都不在同一平面内的曲线，如螺旋线等。

曲面可看作一条动线(直线或曲线) 在空间连续运动的轨迹。该动线称为母线，母线在曲面上的任一位置的痕迹称为曲面的素线。

按母线的性质来分，规则曲面可分为直线面和曲面两大类。由直线母线形成的曲面称为直线面，而只能由曲线母线形成的曲面称为曲线面。

直线面又可分为单曲面和扭曲面两类。单曲面的连续两素线彼此相交或平行，可无折皱的摊平在同一个平面上，故又称为可展曲面，如柱面、锥面；扭曲面连续两素线彼此交叉，不能无折皱摊平，是不可展曲面，如柱状面、锥状面、正螺旋面等。

曲线面是以曲线为母线运动而产生的，其上没有任何直线特征，也是不可展曲面，如球面、圆环面等。

第二节　圆

圆属于平面曲线，根据圆所在平面的位置不同，有如下三种情况。

一、投影面的平行面上圆的投影

圆在所平行的投影面上的投影反映圆的实形；圆在其余两投影面上的投影积聚成一条直线，其长度等于圆的直径，且平行于对应的投影轴。

二、投影面的垂直面上圆的投影

圆在所垂直的投影面上的投影积聚成一条直线，其长度等于圆的直径；与圆倾斜的另外两个投影面上的投影为椭圆，其长轴是位于该投影面平行线上直径的投影，短轴是位于该投影面最大斜度线上直径的投影，如图 4－1a）所示。如图 4－1b）所示为投影图中椭圆的作法，长轴 cd 等于直径，短轴 ab 为平行 V 面的直径 AB 的投影，其长度可由 $a'b'$ 利用投影关系求得，图中用换面法求作足够多点，依次光滑连接各点求作椭圆。

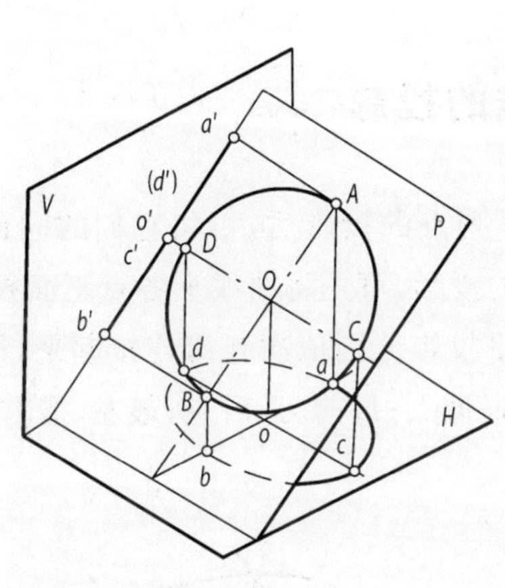

a）正垂面上圆的正面投影和水平投影

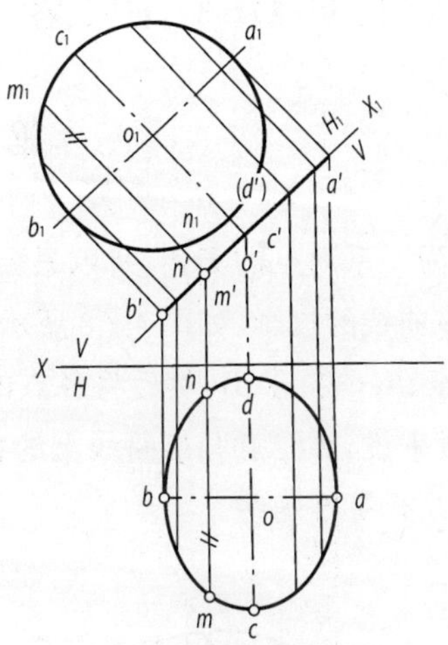

b）投影图中椭圆的作法

图 4－1　正垂面上圆的投影

三、投影面的一般位置面上圆的投影

当圆所在的平面为一般位置平面时，圆在各投影面上的投影均为椭圆，每个椭圆的长短轴是不同的必须分别求解。其分析方法与图4－1相似。欲画出椭圆必须求出长短轴的方向和大小。

【例 4－1】　如图 4－2 所示，在一般位置平面 $KLMN$ 上有以 O 为圆心，直径为 $2R$ 的圆，试作其两面投影。

【解】（1）求圆的水平投影，把 H 投影面作保留投影面，用 V_1 替换 V 面，使在新的 H/V_1 体系中，四边形平面成为投影面的正垂面，由于 KN 为水平线，所作 $O_1X_1 \perp kn$，建立新系 H/V_1。

（2）作出四边形的新投影 $k'_1l'_1m'_1n'_1$ 成一条直线。求出 o'_1，量取 $o'_1c'_1=o'_1d'_1=R$，反回求出过 o 的水平投影 cd，即为短轴，且 $cd//O_1X_1$。过 O 点在 O 的投影连线上取 $oa=ob=R$，则

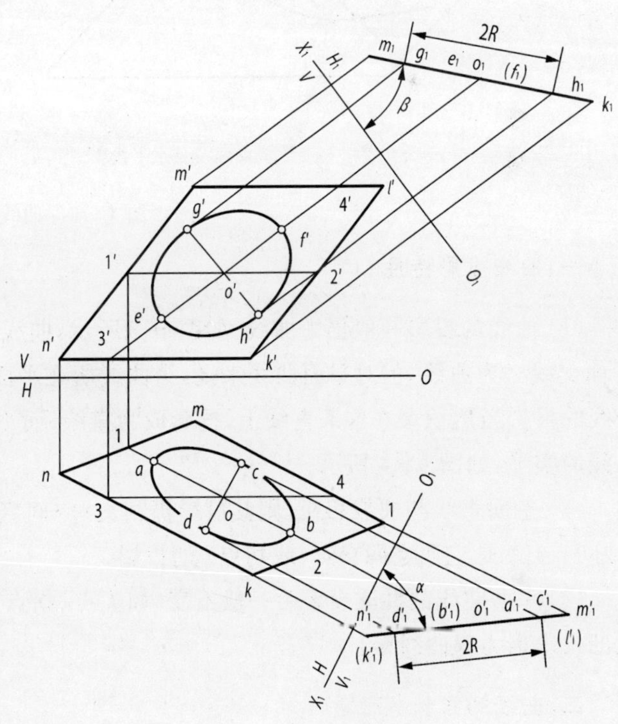

图 4－2　求圆的投影

$ab \perp cd$ 即为长轴。

(3) 以 ab、cd 为长、短轴，画出水平椭圆。

(4) 求圆的正面投影，把 V 面作为保留投影面，用 H_1 替代 H 面，使在新的 V/H_1 体系中，四边形平面换成投影面的铅垂面，故先作面内正平线 ⅢⅣ(34、$3'4'$)，作新轴 $O_1X_1 \perp 3'4'$，即得新系 $X_1 - V/H_1$。

余下作图类同于第(2)、(3)，步骤(略)。

第三节　曲线的投影

曲线可视为一系列点的集合，所以只要求出曲线上一系列点的投影后，再将它们的同面投影依次光滑连接，即得该曲线的投影。如图 4-3 所示，欲求曲线 AE 的投影，可先将曲线上各点正面投影 a'、b'、…、e' 和水平投影 a、b、…、e 求出。然后将各点的正面投影和水平投影分别依次光滑连接起来，即得到 AE 的两面投影。一般来说，要注意画出曲线上的特殊点(即最高、最低点；最前、最后点；最左、最右点等)就能使曲线的投影描绘得更准确些。

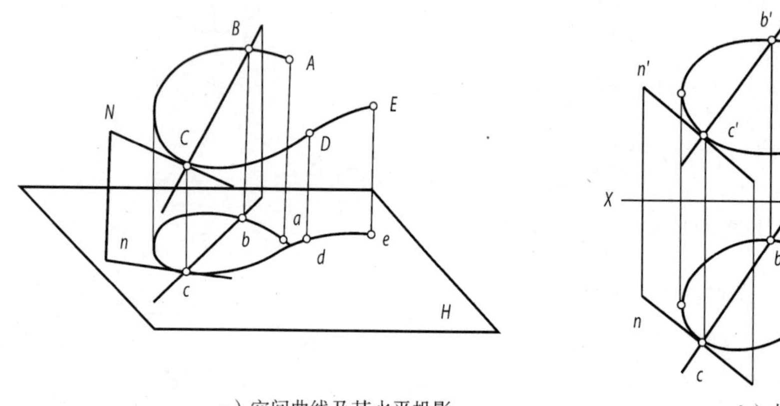

a) 空间曲线及其水平投影　　b) 曲线的两面投影

图 4-3　曲线的投影

一、曲线投影特性

(1) 曲线的投影一般仍为曲线。如图 4-3 所示，曲线 AE 向 H 面投影时，形成一个投射柱面，该柱面与 H 面交线必为曲线。但对平面曲线来说，当曲线所在平面的投影积聚成直线时，仅为平面上部分点的平面曲线的投影当然积聚在这条直线上，投影成为直线；而平面曲线所在的平面平行于投影面时，其投影反映曲线的实形，如图 4-4 所示。

(2) 空间直线与曲线相交，则其投影仍相交；空间直线与曲线相切，则其投影仍相切；且投影的交点(或切点)就是它们空间交点(或切点)的投影。

(3) 平面曲线的性质投影后一般不变。如尖点、拐点及两重点仍不变，抛物线的投影仍为抛物线，双曲线的投影仍为双曲线等。

二、曲线的实长

在工程中常常需要求出曲线的实长，通常可用图解法将曲线展开成直线而近似求之。如图 4-5 所示，

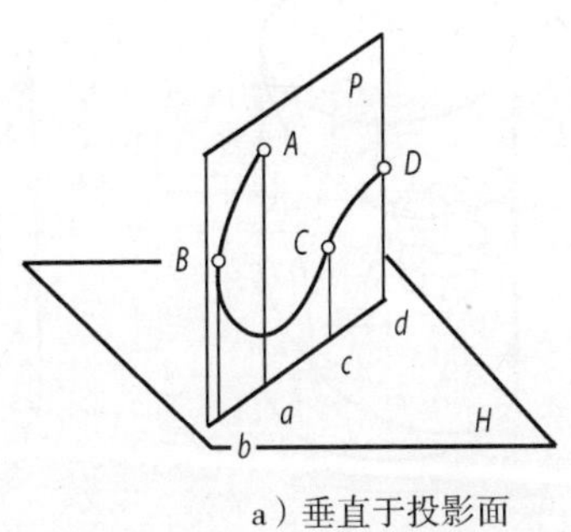

a）垂直于投影面

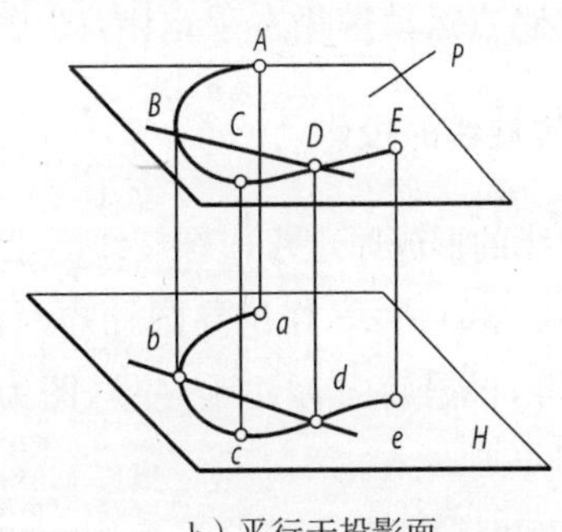

b）平行于投影面

图 4－4　平面曲线处于特殊位置时的投影

先将曲线分段，求取足够多的点，再用折线替换它，然后用直角三角形法求得每段折线的实长，再展成直线求之。

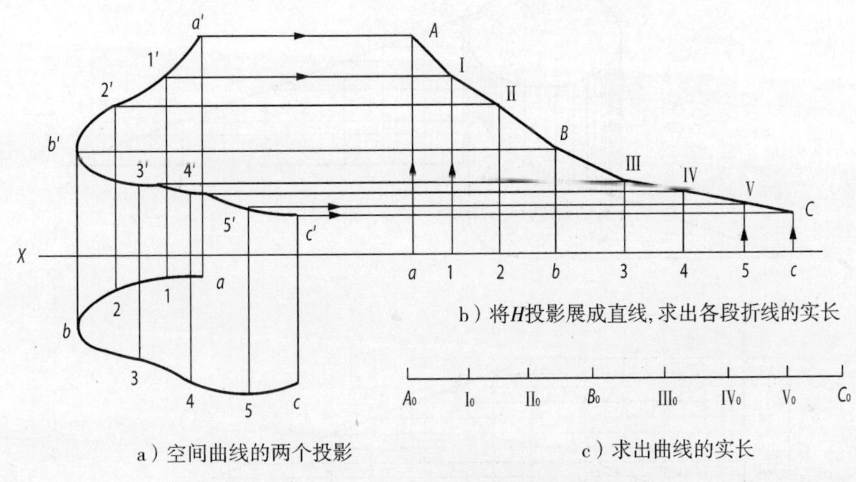

a）空间曲线的两个投影

b）将H投影展成直线，求出各段折线的实长

c）求出曲线的实长

图 4－5　空间曲线的近似展开

第四节　圆柱螺旋线

一、形成

如图 4－6 所示，一个动点 A 沿着圆柱面的直母线作等速直线运动，同时该直母线又沿圆柱面的轴线作等速回转运动，则该点在空间的运动轨迹就是圆柱螺旋线。

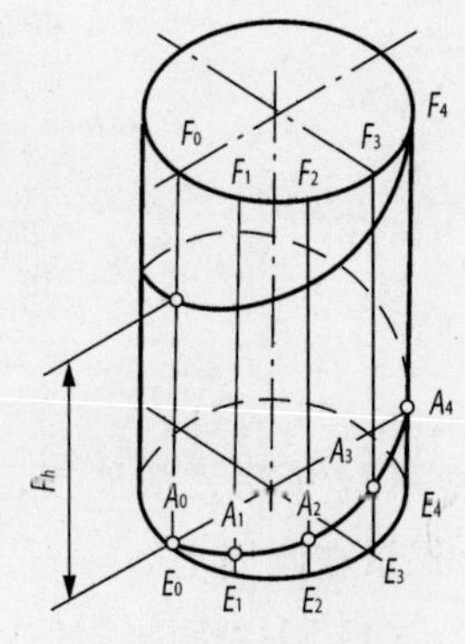

图 4－6　圆柱螺旋线

确定圆柱螺旋线的三要素是：

(1) 导圆柱直径；

(2) 母线旋转一周时动点所上升的高度，即导程，用 P_h 表示；

(3) 旋向，由于母线旋转方向不同，可分为右螺旋线和左螺旋线两种，如图 4－7 所示。右螺旋线的特点其动点运动遵循右手定则，图上可见部分右边高；左螺旋线特点其动点运动遵循左手定则，图上可见部分左边高。

二、圆柱螺旋线的投影

根据螺旋线的形成原理求作螺旋线的投影，如图 4－8 所示。

(1) 如图 4－8b) 所示，作出导圆柱的两投影，将水平投影圆周等分成 12 份，根据旋向标注顺序号（图为右旋）得螺旋线上点的水平投影 1、2、3、…、12。

(2) 将正面投影导程也等分成相同的份（12 份）。由水平投影圆周各分点 1、2、3、… 向上作垂线，由导程各分点 1、2、3、… 作水平线，得相应的交点 1′、2′、3′、…、12′ 即为螺旋线上点的正面投影。

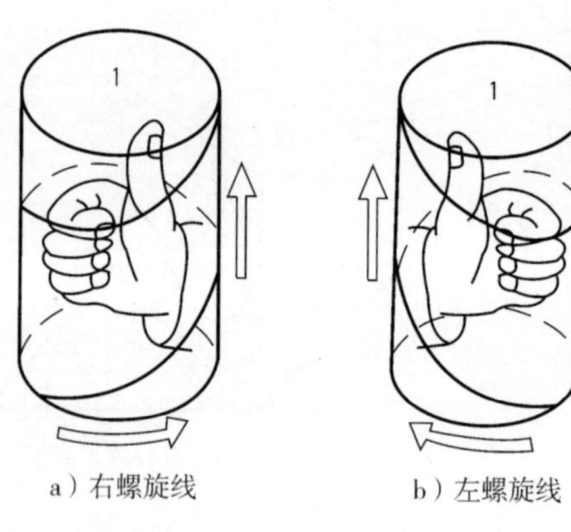

a）右螺旋线　b）左螺旋线

图 4－7　螺旋线旋向

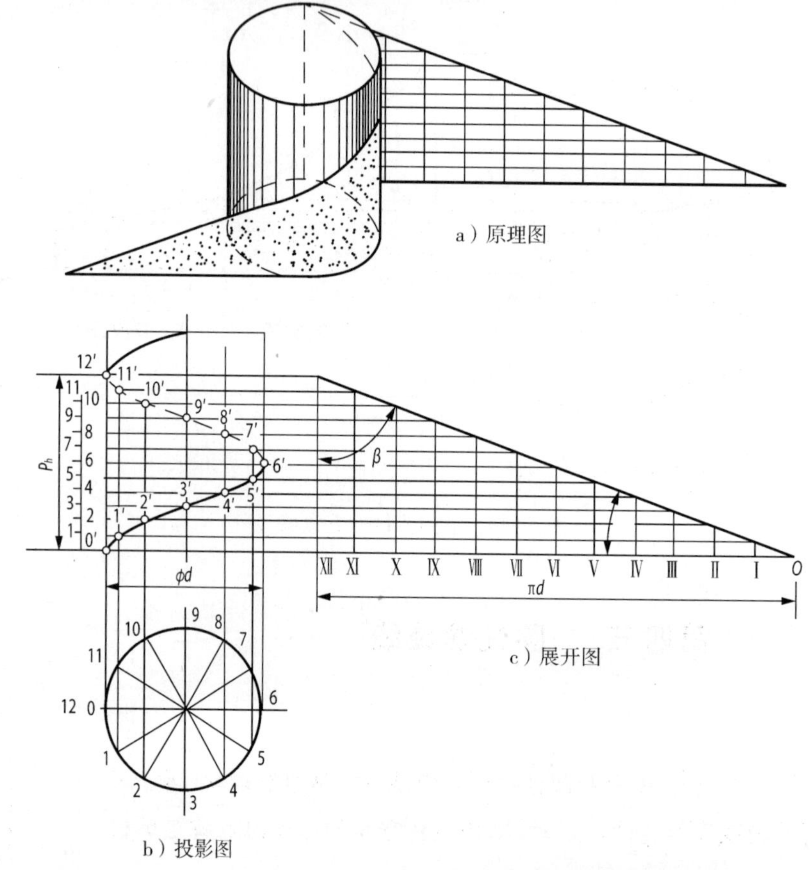

a）原理图

b）投影图

c）展开图

图 4－8　圆柱螺旋线的投影及展开

(3) 依次光滑连接正面投影各点并判断可见性即得螺旋线的正面投影（它是一条正弦曲线），水平投影积聚在圆周上。

(4) 圆柱螺旋线的展开，如图 4－8c) 所示。圆柱螺旋线的展开图是一条直线，是以圆柱底圆周长（πd）和导程为 P_h 两直角边的直角三角形的斜边。斜边与底边的夹角 φ 称为螺旋升角，φ 角的余角 β 称为螺旋角。

第五节　直线面

一、柱面

柱面是由一直母线沿曲导线移动且又始终平行于另一直导线而形成的。

曲导线可以是封闭的或不封闭的，如图 4－9 所示，ST 是直导线，ABC 是不封闭的曲导线，AA_1 是直母线。如图 4－10 所示，曲导线是封闭的曲线顶圆，得到一个封闭的柱面。图4－10a）表示柱面投影轮廓线的正投影过程，母线 AA_1、BB_1 的 V 面投影 $a'a'_1$、$b'b'_1$ 为柱面 V 面投影的最外轮廓线，也是 V 面投影可见性的分界线。类似可以作出 H 面投影的最外轮廓线 cc_1、dd_1，同理也是 H 面投影的可见性分界线，故又称为转向轮廓线。

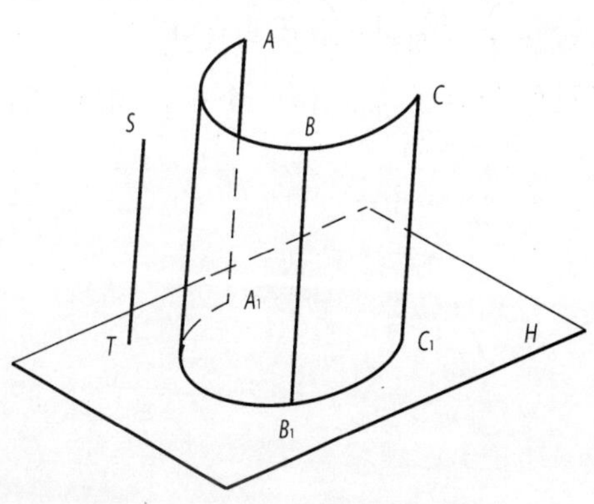

图 4－9　柱面的形成

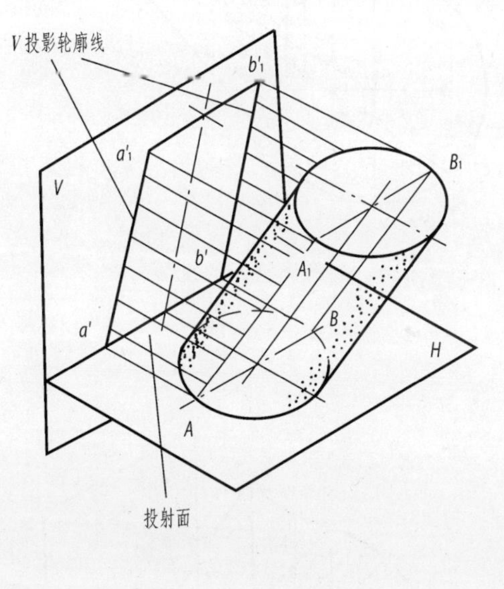

a）正投影原理

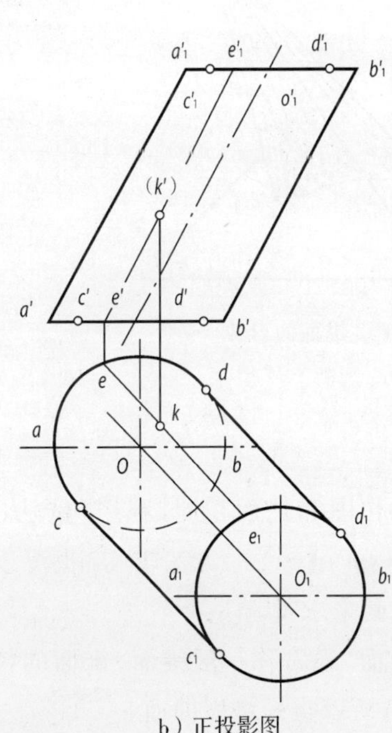

b）正投影图

图 4－10　斜椭圆柱面的投影

柱面上取点的作图。当已知点 K 的 H 面投影 k 需求 V 面投影 k' 时，应先包含 k 点作辅助素线 $eke_1 // OO_1$，求出 ee_1 即可求出 k' 投影，因 ee_1 在柱面的后半部，所以 k' 为不可见。由此可见，在柱面上取点的方法与平面上取点相似，只要包含点的已知投影作辅助素线，求出后再判断可见性即可（图 4－10b））。另外，对椭圆柱面，由于曲导线是平行于 H 面的圆，尚可用包含点的已知投影作辅助圆求得，由读者试作之。

二、锥面

它是由一直母线沿一曲导线移动，且在移动过程中所有素线始终过一定点而形成的。

曲导线也可以是封闭的或不封闭的，如图 4－11 所示，S 为定点（常称锥顶），SA 为母线，AB 为不封闭的曲导线，因此得到不封闭锥面。

如图 4－12 所示为斜椭圆锥面，和柱面一样画出封闭曲导线圆，定点 S 的投影已能确定，但为了形象还画出了正面投影转向轮廓线 $s'a'$、$s'b'$；水平投影的转向轮廓线 sc、sd。同样它们也分别是 V 面和 H 面的可见性分界线，且只画一个投影。但根据投影关系能方便求出转向线的另一个投影。

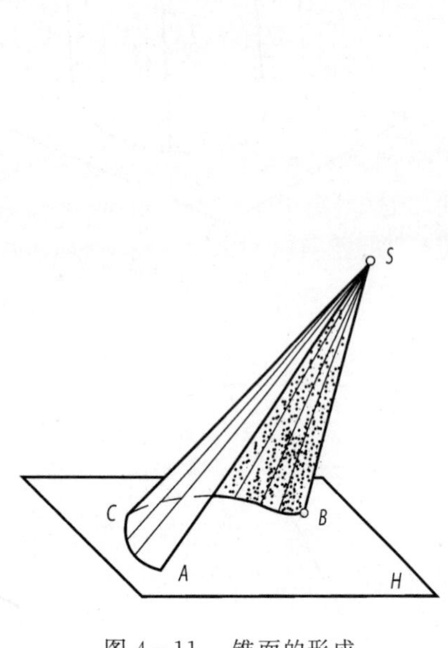

图 4－11　锥面的形成

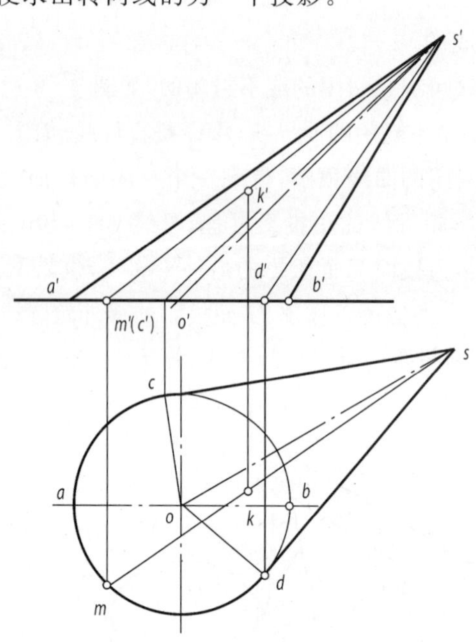

图 4－12　斜椭圆锥面的投影

三、柱状面

锥面上取点（K）的作图和柱面相同，利用包含 K 点的已知投影作素线 SM（sm、$s'm'$）的方法求得。也可以作平行于底面的辅助曲线圆来求得。

对于没有轴线的锥面，通常称一般锥面。锥面的特征是各素线相交于定点 S，所以也是可展曲面。

柱状面是一直母线 AD 沿着两条曲导线 ABC、DEF 连续运动且始终平行于一个导平面 P 而形成的曲面，如图 4－13 所示，其素线 AD、BE、CF、…、都平行于导平面 P。

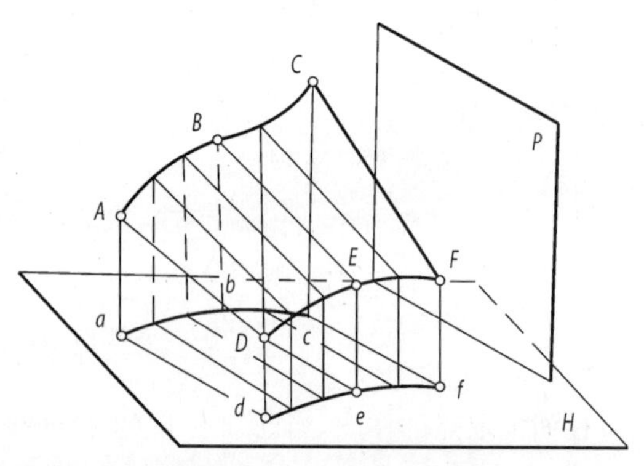

图 4－13　柱状面的形成

图 4－14 所示是用柱状面连接两个等径但轴线相交的圆管的例子。

两圆管底圆为曲导线，AB 是直母线，P 面是导平面。见图 4－14a）原理图。其正投影图把 P 面放成平行于 V 面，两个曲导线圆分别平行于 H 面和 W 面，圆心连线 O_1O_2 为正平线（图 4－14b）正投影图）。同样画出两个投影的转向轮廓线。曲面两投影明显地看到素线 AB、CD 都为正平线，但它们之间并不平行，而是交叉。

柱状面上取点 K 的投影，也可以包含点的已知投影作辅助素线 AB 求之。

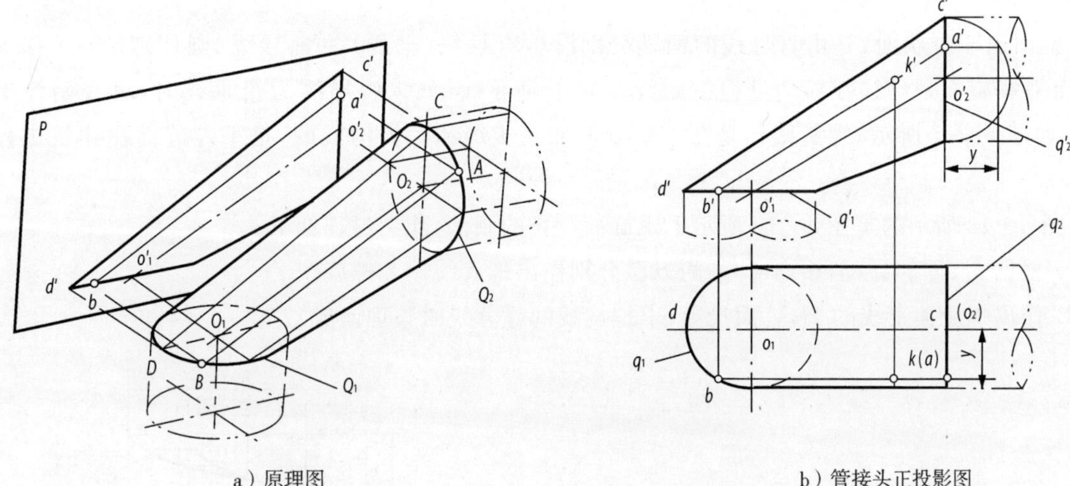

a）原理图　　b）管接头正投影图

图 4-14　柱状面管接

四、锥状面

锥状面是直母线 AB 沿一条曲导线 BC 和一条直导线 AD 运动且始终平行于导平面 P 而形成的曲面，如图 4-15 所示。

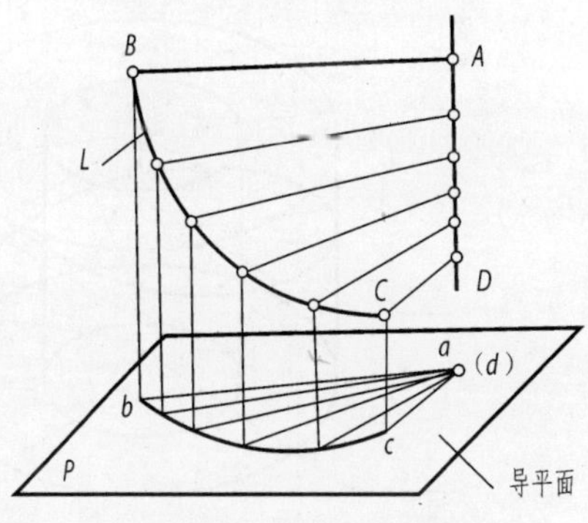

图 4-15　锥状面的形成

图 4-16a) 是锥状面的应用例举，曲导线是水平圆 Q，直导线 AB 为一正垂线，导平面 P 相当于 V 面，图 4-16b) 是它们的投影图，还画出了转向轮廓线。其每条素线都为正平线，显然相互不平行。也可用包含点的已知投影的辅助素线在锥状面上取点，如 $K(k,k')$。

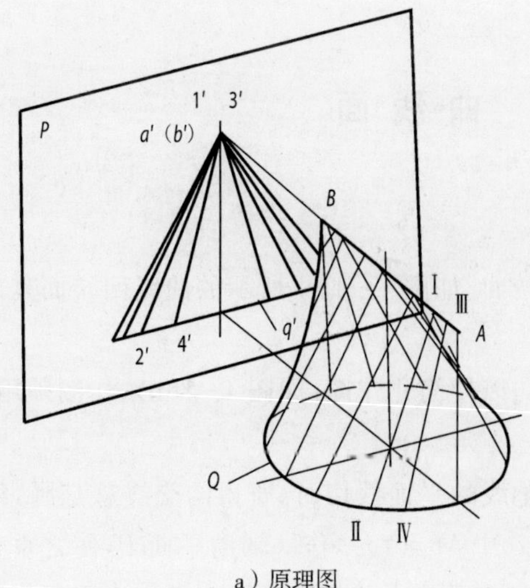

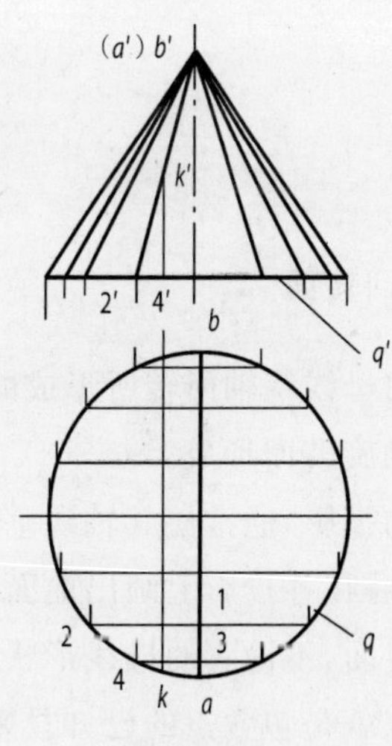

a）原理图　　b）两面投影图

图 4-16　锥状面封头与投影

五、平螺旋面

螺旋面属于锥状面，是由直母线的两端分别沿着直导线(轴线)和曲导线(圆柱螺旋线)移动而形成的。而平螺旋面是母线在移动过程中始终垂直于直导线(如果直导线为铅垂线时，母线始终平行于 H 面)，如图 4-17 所示。螺旋楼梯是在平螺旋面加上步级和底板构成的，是平螺旋面在建筑工程中的应用。

如图 4-18 所示的是图 4-17 所示平螺旋面投影的画法，作图过程如下：

(1) 根据 ϕ_1、ϕ_2 和导程，按图 4-8 的方法分别作出螺旋线 1 和螺旋线 2；

(2) 作出螺旋面素线的 H、V 面投影(求螺旋线的等分线时整理而成)。

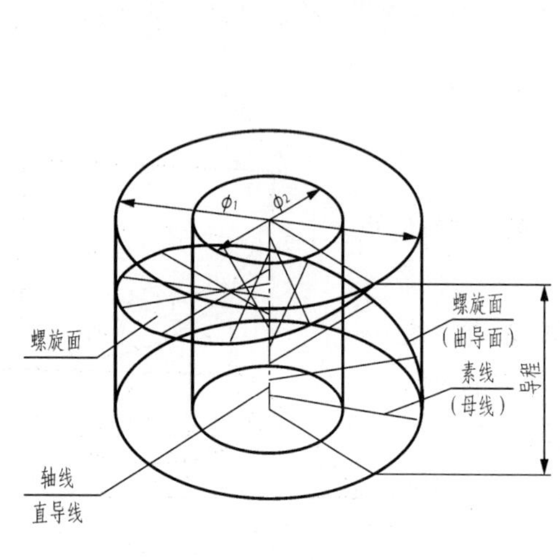

图 4-17 平螺旋面

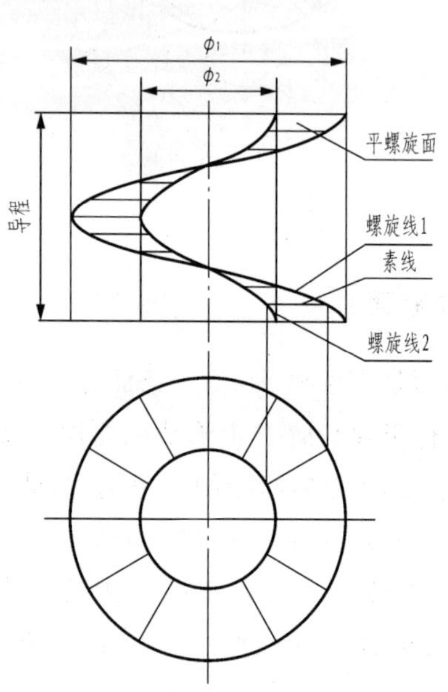

图 4-18 平螺旋面投影的画法

第六节 曲线面

一、曲线回转面

任意一曲母线绕轴回转所形成的曲面称曲线回转面。如图 4-19a) 所示的曲线回转面是以 ABC 为曲母线绕 OO 轴旋转面形成。

回转面的投影，通常使其轴线垂直于某一投影面，以便简化作图，如图 4-19b)。作图须用点划线画出轴线投影，然后在各投影上画出曲面的轮廓线。

任何回转面，不论它的母线形状如何，用垂直于轴线的平面截切时，所得的交线总是圆，称为纬圆。在回转面上取点就是包含点的已知投影(例如图 4-19b) 中 M 点)m'，作一辅助平面 P，使之垂直于轴，与回转面相交成一纬圆，画出其水平投影圆，就可以求得 M 点的水平投影 m。反之，已知水平投影 m，也可以求出正面投影 m'，再判可见性。

常见的工程曲线回转面有:球面、圆环面、椭圆回转面和双叶双曲回转面等。

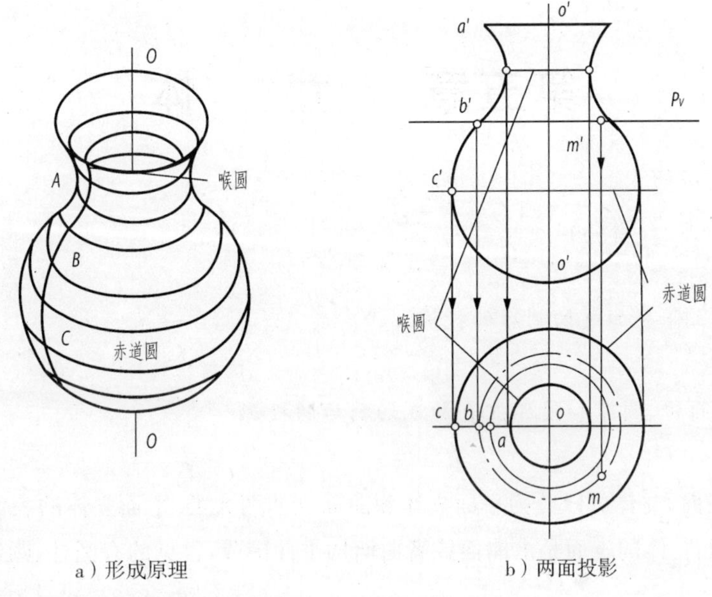

a)形成原理　　b)两面投影

图 4-19　曲线回转面

二、组合回转面

它是以组合线段为母线,绕与它在同一平面的一条轴线回转而形成,如图 4-20 所示。它也可以视为具有公共回转轴的几个基本回转体的组合。各基本回转面之间的分界是根据母线上的切点和转折点来划分的,如图 4-20a) 中,切点 B、C 和转折点 D、E、F、G,就是分界点。值得指出的是组合回转面和单一回转面相同都有两个投影的形状相同,如图 4-20b) 中的正面投影和侧面投影。

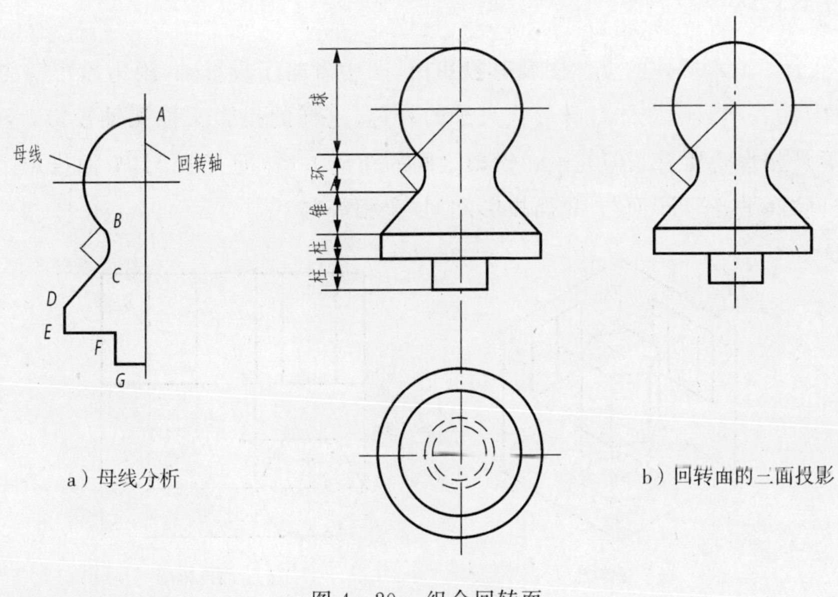

a)母线分析　　b)回转面的三面投影

图 4-20　组合回转面

第五章　立　体

学习目标：

掌握立体的投影；立体叠加或切割后的投影。

学习重点和难点：

棱柱、棱锥、圆柱、圆锥、圆球和圆环被叠加或切割后的投影。

依据围成立体的表面，立体可以分为平面立体和曲面立体两大类。平面立体的表面均为平面多边形，常见的有棱柱和棱锥；曲面立体的表面是由曲面或者曲面加平面围成，常见的有圆柱、圆锥、圆球、圆环等。

第一节　平面立体

由于平面立体是由若干平面多边形围成，所以有关平面立体的投影可以归结为平面多边形以及构成平面的各种位置直线的投影问题。

本节主要讨论平面立体中最常见的棱柱和棱锥的投影，以及在棱柱及棱锥表面取点的原理和方法。

一、棱柱

1. 棱柱的投影

如图 5-1 所示为一正六棱柱的立体图及其投影图，图中省略了投影轴，因为投影轴的存在，仅表示立体相对投影面的距离，并不影响立体自身形状大小的表达，这样的投影又称无轴投影，今后将普遍采用。作图时应特别注意严格保持所有几何元素在投影之间的对应关系，即 V 面与 H 面投影之间“长对正”，V 面与 W 面投影之间“高平齐”，H 面与 W 面投影之间“宽相等”。

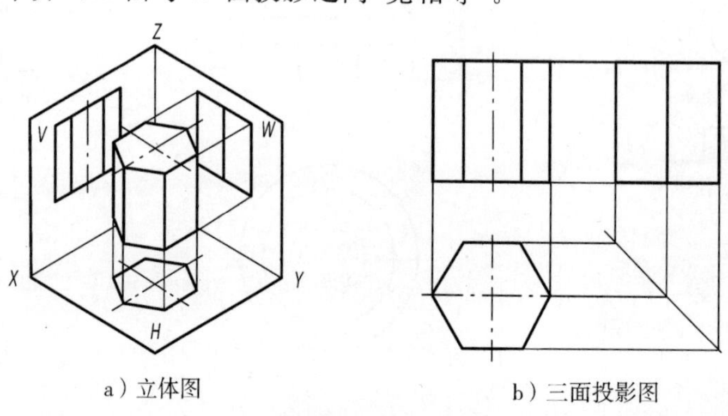

a）立体图　　b）三面投影图

图 5-1　正六棱柱的投影

如图 5-1b）所示投影图中，六棱柱的上、下底面均为水平面，其水平投影重合并反映实形，正面投影和侧面投影积聚成直线段并分别平行于相应的 X、Y 投影轴。六个侧面前后、左右分别对称。前后两个侧面为正平面，其正面投影重合并反映实形，水平投影和侧面投影积聚为直线段，且分别平行于 X、Z 轴。其余四个侧面皆为铅垂面，其水平投影积聚成直线段，正面投影及侧面投影分别为重合的类似图形，不反映实形，仅具有相同边数、顶点顺序及凸凹性质。

各棱线皆为投影面的特殊位置线，请读者自行分析其投影对应关系及可见性。

2. 棱柱表面上的点

立体表面上取点的方法，可以归结为在相应的平面上取点。如果立体表面为特殊位置面，可利用积聚性求点的其他投影；如果立体表面是一般位置面，则表面上的点应取自属于该面的直线。

如图 5-2a）所示，已知正六棱柱三面投影及表面上 M、N 两点的正面投影 m'、n'，求点的其余两投影。

分析：投影 m' 可见，故 M 点在右前方棱面上；投影 (n') 不可见，故 N 点位于正后方的棱面上，该棱面为一正平面，其水平及侧面投影均具积聚性。

作图：如图 5-2b）所示，自 m' 作竖直投影连线，在右前方棱面积聚性的水平投影上取点的水平投影 m，再由点的两投影 m'、m 求出侧投影 m''，注意在自 m' 作出的水平投影连线上量取 m 点的相对坐标 y，由于 M 点所在棱面的侧投影不可见，故投影 (m'') 不可见。

由 (n') 分别作竖直和水平投影连线，在正后方棱面具有积聚性的水平和侧面投影上分别取对应的 n 及 n''。

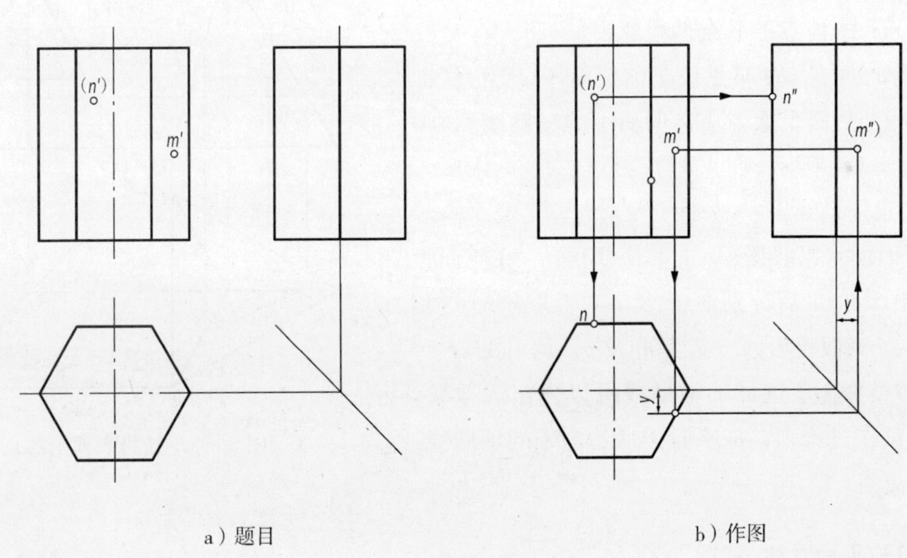

图 5-2　棱柱表面上的点

二、棱锥

1. 棱锥的投影

如图 5-3a）所示为正三棱锥的立体图，如图 5-3b）所示为相应三面投影图。正三棱锥底面是水平面，其水平投影反映实形但不可见，正面及侧面投影均积聚为直线且分别平行于 X、Y 轴。右侧棱面 SBC 为一正垂面，其正面投影 $s'b'c'$ 积聚为直线，水平投影 sbc 及侧面投影 $s''b''c''$ 分别为面积缩小的类似形，且水平投影可见，侧面投影不可见。前、后侧棱面均为一般位置面，它们的正面投影重合，前侧棱面投影 $s'a'b'$ 可见，后侧棱面 $s'a'c'$ 不可见。前、后侧棱面的三面投影均不反映实形，而是面积缩小的类似形。

读者可自行分析各棱线相对于投影面的位置以及投影特征。

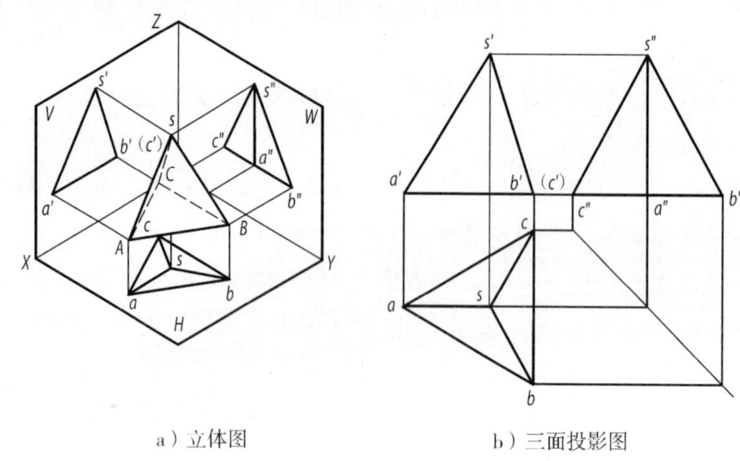

a）立体图 b）三面投影图

图 5－3 正三棱锥的投影

2. 棱锥表面上的点

如图 5－4 所示，已知正三棱锥三面投影及表面上 M 点的正面投影 m'，求该点的其余两投影。

分析：投影 m' 可见，故 M 点位于前棱面 SAB 上，棱面 SAB 为一般位置面，面上取点应借助面上的辅助线。

作图：如图 5－4 所示，在正面投影中，过 m' 作属于 SAB 棱面的任意辅助线 $d'e'$，分别交 $s'a'$ 于 d'，交 $s'b'$ 于 e'。由 $d'e'$ 在棱面的水平投影 sab 上对应作出 de，在侧面投影 $s''a''b''$ 上作出 $d''e''$；最后分别在 de 及 $d''e''$ 上取出 M 点相应水平投影 m 及侧面投影 m''。显然 m 及 m'' 均可见。

应该指出，类似 DE 这样的辅助线可以作出无数条，请读者自行尝试作过锥顶 s' 或平行于底边 $a'b'$ 的辅助线，并比较作图效果。

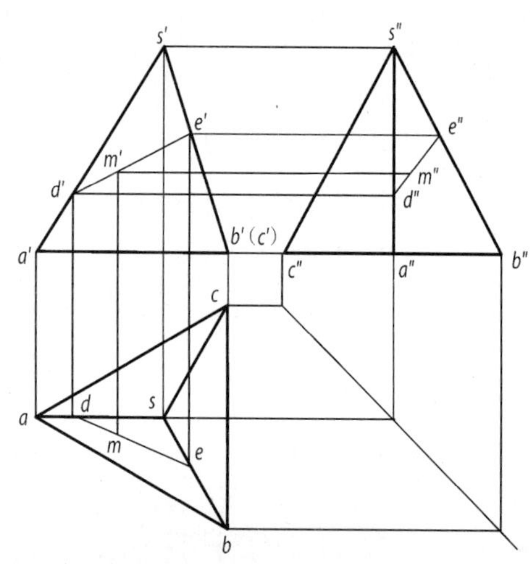

图 5－4 棱锥表面上的点

三、带切口的平面立体

切口是平面截切平面立体形成的断面，因此，有关平面立体切口作图，实质是作出截平面与立体表面交线的投影，该交线又称截交线。

【例 5－1】 如图 5－5a) 所示，已知正四棱柱被正垂面 P(用迹线 P_V 表示) 截切，补全水平及侧面投影。

【解】 截平面 P 与四棱柱的四个侧面都相交，此外还与上底面相交，交线为一条正垂线 ED。截交线形状为平面五边形，其正面投影积聚且与迹线 P_V 重合。由于四棱柱的侧棱面都是铅垂面，所以在截交线

水平投影中除 de 边外，其余四边皆与棱面有积聚性的投影重合。为求截交线的侧面投影，可分别求出各棱（边）线和 P 平面交点的侧面投影，然后顺序连接，即得出交线的侧面投影。

作图结果如图 5－5b）所示，过程如下：

(1) 由 P_V 与上底正面投影的交点 $e'(d')$，对应作出截交线正垂边线 ED 的水平投影 ed 及侧投影 $e''d''$，截交线的水平投影为 $abcde$；

(2) 由前、左、后三条侧棱正面投影与 P_V 的交点 a'、b'、(c')，作出侧投影 a''、b''、c''；

(3) 顺序连接 $a''b''c''d''e''$ 即为截交线的侧面投影，注意用虚线补全右侧棱线的不可见部分。

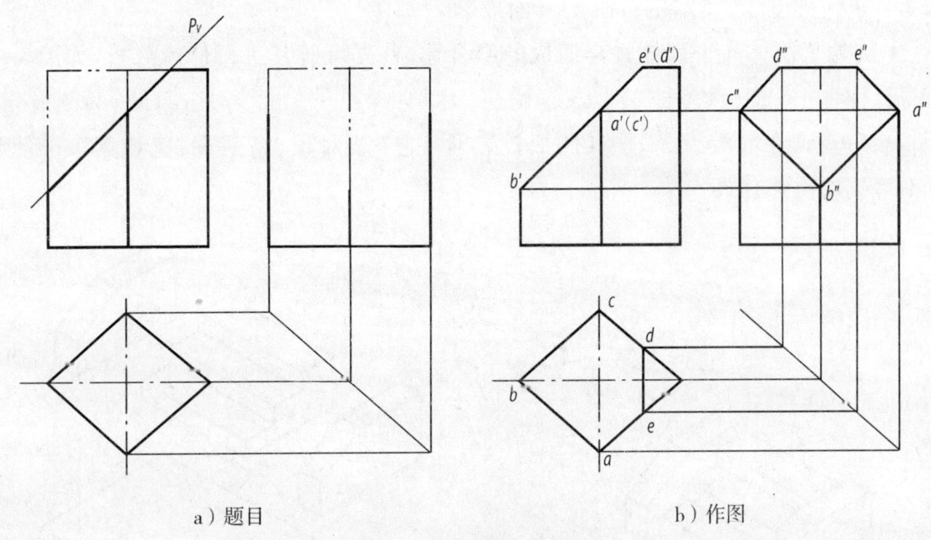

a）题目　　　　b）作图

图 5－5　平面截切四棱柱

【例 5－2】　如图 5－6a）所示，已知三棱锥 $S-ABC$ 被正垂面 P（用迹线 P_V 表示）截断，补全截切后的水平及侧面投影。

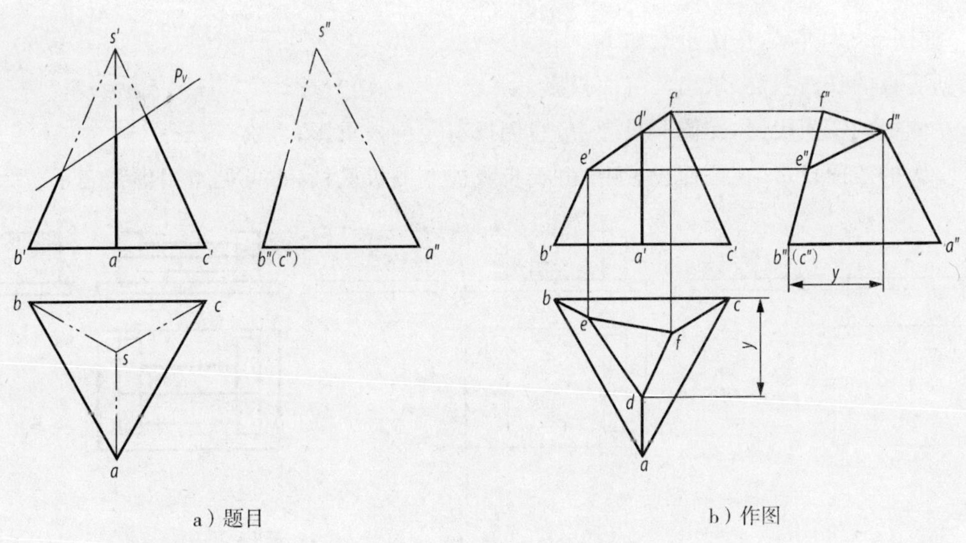

a）题目　　　　b）作图

图 5－6　平面截切三棱锥

【解】 如图5-6b)所示，由于正垂面P与三棱锥的三个侧面均相交，所以截交线是三角形，该三角形的正面投影积聚在P_V上，为求出其水平投影和侧面投影，可以先求作各棱线与P平面的交点D、E、F的水平及侧面投影，然后依次连接交点的同面投影def及$d''e''f''$即可。

作图过程如下：

(1) 由三条棱线的正面投影与迹线P_V的交点d'、e'、f'，对应求出水平投影d、e、f及d''、e''、f''；

(2) 依次连接def及$d''e''f''$。

注意该截交线的水平及侧面投影均是可见的。

【例5-3】 求作图5-7所示的台阶的三面投影。

【分析】 本例为平面体与平面体叠合而成的组合体。首先可对其进行形体分析，如图5-8所示，将组合体分解成底板(棱柱1)、侧板(棱柱2)、步级(棱柱3)共四个立体。由图5-8可知，两侧板分别"贴紧"步级的左右两端，然后叠砌在底板上。求作其侧面投影时注意"长对正、高平齐、宽相等"的原则，按先大后小，先可见后不可见的次序作图。

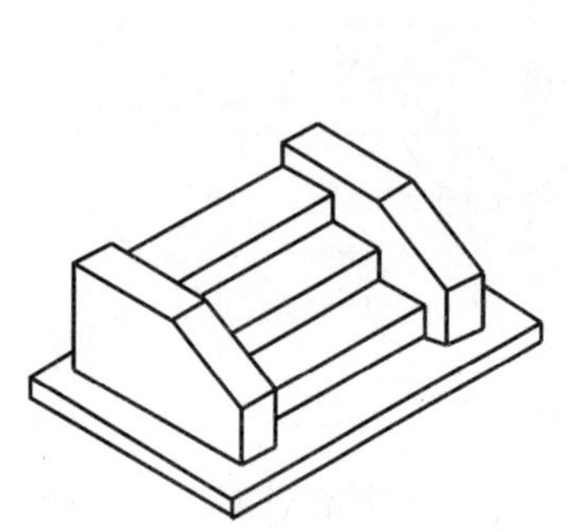

图5-7　台阶立体图

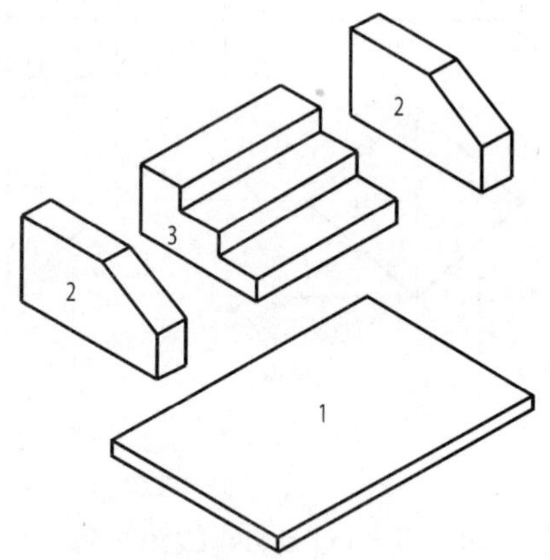

图5-8　台阶的形体分析

【解】 如图5-9所示，作图步骤如下：

(1) 根据底板的长、宽、高，求出其三面投影；

(2) 作左侧板的三面投影，在侧面投影中，右侧板与左侧板重影；

(3) 作步级的三面投影，在侧面投影中，由于步级被左侧板遮挡(不可见)，用虚线表示。

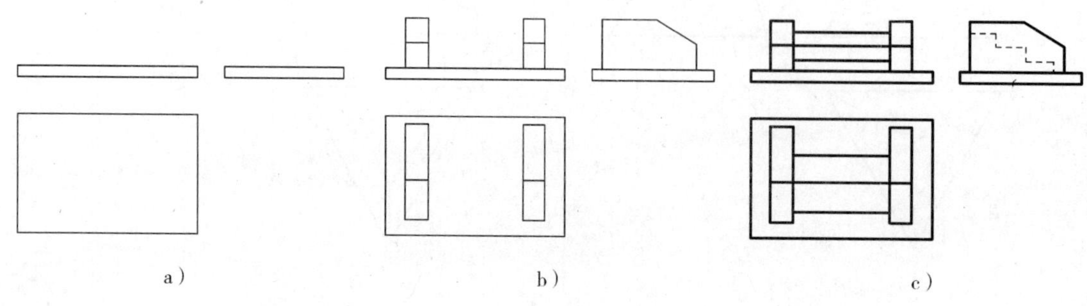

图5-9　台阶的投影画法

第二节 回转体

一条动线(直线或曲线)绕定直线作回转运动所形成的曲面称为回转面。其中定直线称为轴线,动线称为母线,母线作回转运动过程中所处的任一瞬间位置称作素线,母线上任意一点的回转轨迹圆称作纬圆。如图 5-10 所示,母线 AB 平行于轴线 OO_1,AB 绕 OO_1 回转形成圆柱面。

由回转面或者回转面与平面共同围成的立体称回转体。本节着重讨论工程中常见的圆柱、圆锥、圆球和环的投影以及表面取点的作图问题。

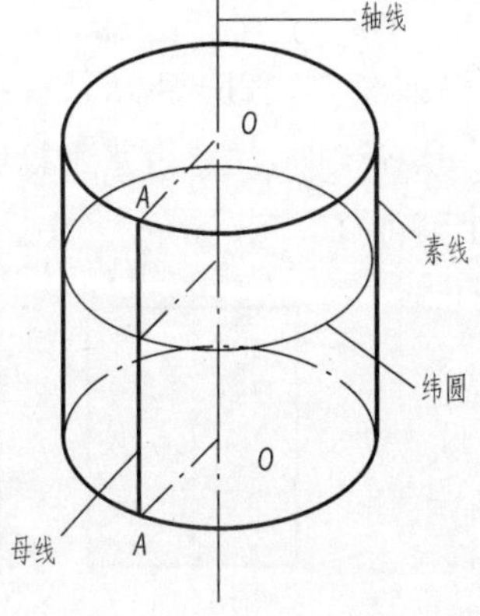

图 5-10 回转面的形成

一、圆柱

1. 圆柱的投影

圆柱由圆柱面和上、下底面围成。

如图 5-11 所示,圆柱的轴线为铅垂线,圆柱面上所有的素线都是铅垂线,所以圆柱面的水平投影积聚为圆,圆柱面上任意点和线的水平投影都积聚在这个圆上。圆柱的上、下底面均为水平面,因此水平投影反映实形,正面及侧面投影均具积聚性。

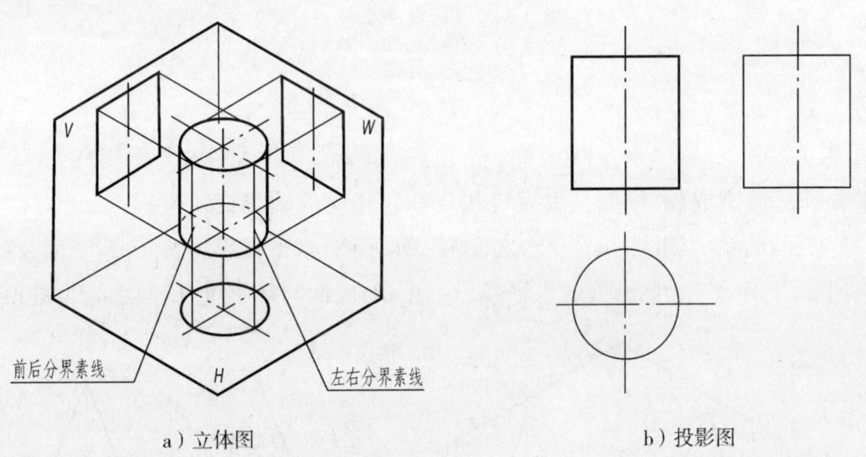

a) 立体图　　b) 投影图

图 5-11 圆柱的投影

圆柱正面投影所形成的矩形中,其上、下两边分别为上、下底面具有积聚性的投影,左、右两边分别为圆柱面上最左、最右素线的投影,它们的侧面投影与轴线重合;这两条素线又称为正面投影的转向轮廓线,它们是可见性的分界线,把圆柱面分为前、后两半,前半部可见,后半部不可见,前、后半部投影重合。同理,圆柱侧面投影中,矩形两侧轮廓线分别为圆柱面上最前、最后素线的对应投影,其正面投影与轴线重合;它们是侧面投影的转向轮廓线,也是侧面投影的可见性分界线,它们把圆柱面分成可见的左半部与不可见的右半部,左、右半部投影重合。

2. 圆柱表面上的点

如图 5-12a) 所示，已知圆柱面上 A、B 两点的正面投影(a')、b'，求作它们的水平投影及侧面投影。

圆柱的轴线是铅垂线，圆柱面的水平投影积聚为圆，故水平投影 a、b 必在圆周上。由 a、a' 及 b、b' 可分别求出 a''、b''。

作图如图 5-12b) 所示，因(a') 不可见，b' 可见，故 A 点位于后半圆柱面，B 点位于前半圆柱面。作侧面投影 a''、(b'') 时，注意由水平投影量取相对坐标 y_a、y_b，由于(a')、b' 分别在左半、右半圆柱面，所以 a'' 可见，(b'') 不可见。

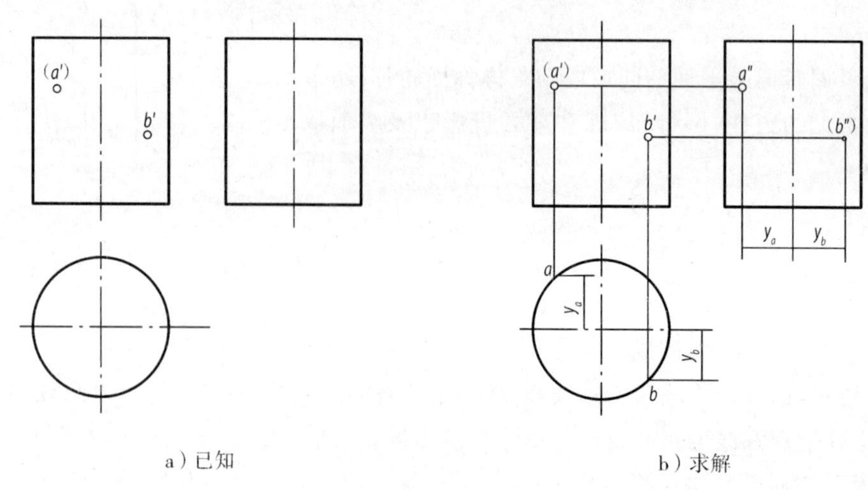

a) 已知　　b) 求解

图 5-12　圆柱表面取点

二、圆锥

1. 圆锥的投影

圆锥由圆锥面和底面围成。圆锥面是由直母线绕和它相交的轴线旋转生成。

如图 5-13a) 所示，圆锥的轴线为铅垂线，底面为一水平圆，水平投影反映实形，正面及侧面投影分别积聚成直线，且分别平行于 X、Y 轴。圆锥面的水平投影可见，与底面圆投影重合，圆心处为锥顶投影位置。

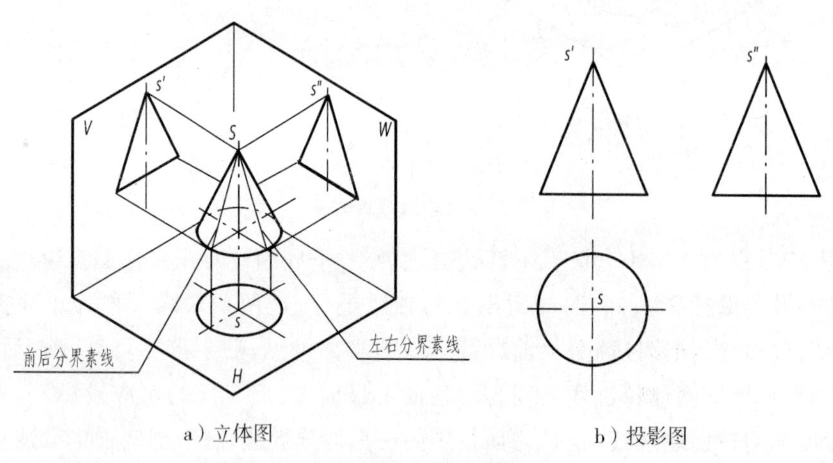

a) 立体图　　b) 投影图

图 5-13　圆锥的投影

圆锥正面投影的转向轮廓线，是锥面上最左和最右素线的投影，它们的侧面投影与轴线重合。这两条素线把圆锥面的正面投影分为可见的前半部和不可见的后半部，前、后半部投影重合。

圆锥侧面投影的转向轮廓线，是锥面上最前和最后素线的投影，它们的正面投影与轴线重合。这两条素线把圆锥面的侧面投影分为可见的左半部和不可见的右半部，左、右半部投影重合。如图 5－13b）所示为圆锥三面投影图。注意圆锥面的三个投影都不具积聚性。

2. 圆锥表面上的点

如图 5－14 所示，已知圆锥面上 A 点的正面投影 a'，求作 A 点的水平及侧面投影。

由于圆锥面的三个投影均不具有积聚性，所以在锥面上取点，应取自锥面上的辅助线，通常采用的辅助线有辅助素线和辅助纬圆两种形式。

(1) 辅助素线法：如图 5－14a）所示，在正面投影中，连 $s'a'$，交底边于 b'，$s'b'$ 为包含 A 点的素线 SB 的正面投影。由 b' 在水平投影中作出位于前半圆的 b，再作出 b''，分别连 sb，$s''b''$，完成辅助素线 SB 的三面投影。由 a' 在 sb 上作 a，在 $s''b''$ 上作 a''，锥面水平投影可见，故 a 可见；又因为 A 点位于右半锥面，故(a'') 不可见。

(2) 辅助纬圆法：如图 5－14b）所示，在锥面上作过 A 点的辅助纬圆，该圆为一水平圆。通过 a' 作轴线的垂线与轮廓素线相交，该线段即为包含 A 点的纬圆的正面投影，其长度等于辅助纬圆直径实长；水平投影中以 S 为中心作出纬圆实形，自 a' 作竖直投影连线，a 在前半纬圆上，再由 a'、a 作出(a'')。

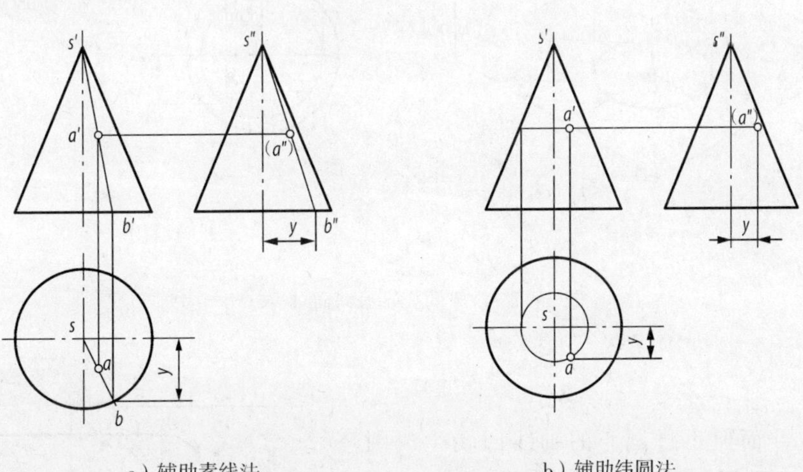

a）辅助素线法　　　　b）辅助纬圆法

图 5－14　圆锥表面取点

三、球

1. 球的投影

球面是由圆母线围绕自身直径旋转而成，是曲纹回转面。

如图 5－15a）所示，球的三面投影都是与球直径相等的圆，它们分别是球面上与 V、H、W 面平行的大圆的投影，是投影的转向轮廓素线。球的正面投影是球面上平行于正面的轮廓素线的投影，它是前、后半球的分界线，前半球可见，后半球不可见。同理，球的水平投影是球面上水平轮廓素线的投影，它是可见的上半球及不可见的下半球的分界线；球的侧面投影是球面上侧平轮廓素线的投影，它是可见的左半球与不可见的右半球的分界线。

显然，球的三个投影都不具有积聚性。

2. 球面上的取点

球面的任何投影均不具有积聚性，球面上也不可能作出直线，故球面取点应该通过平行于投影面的辅助圆作图。

如图 5-15b) 所示，已知球面上点 A 的正面投影 a'，求点的其余两投影。

在球面上作通过 A 点的辅助水平纬圆，该圆的正面及侧面投影积聚，水平投影反映实形。作图过程：过 a' 作 X 轴的平行线，与球的轮廓素线相交，即为辅助圆的正面投影。根据图示圆直径，在水平投影中作出反映该圆实形的水平投影，a' 可见，在前半球，故在前半水平纬圆上取 a。由 a'、a 作出 a''，从 a' 看出，A 点在上、右半球，故 a 可见，(a'') 不可见。

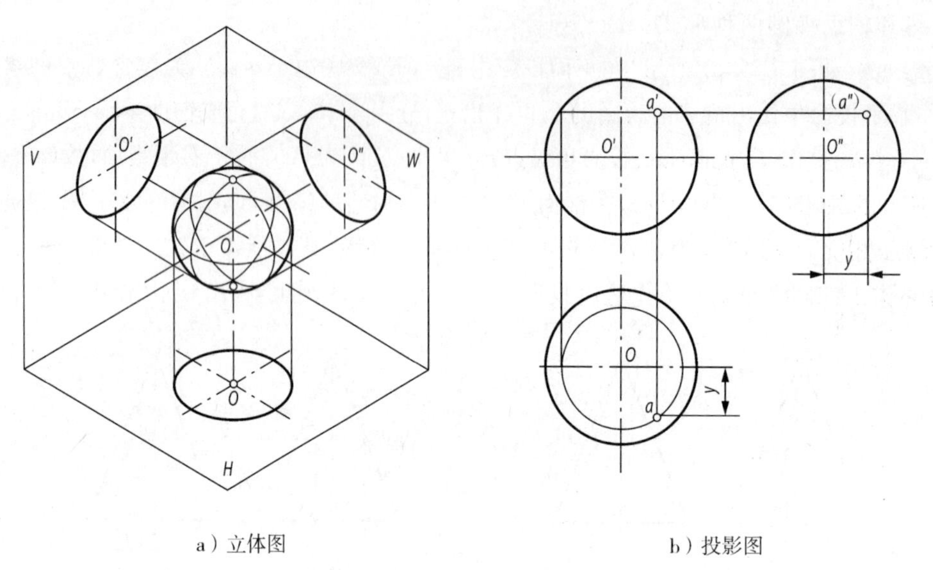

a) 立体图　　b) 投影图

图 5-15　球的投影及球面上取点

四、环

圆母线绕和它共面但不过圆心的轴线回转生成圆环面，简称环。

如图 5-16 所示为环的两面投影，在回转过程中，圆母线上离轴线最远、最近点分别旋转成最大和最小纬圆，它们的水平投影就是环面水平投影的转向轮廓线，也是可见的上半环和不可见的下半环的分界线。

正面投影中左、右两个圆，是环面上的两个正平素线圆的投影，而上、下两条轮廓线则是圆母线上最高、最低点回转形成水平圆的积聚性投影。圆母线离轴线较远的半圆回转形成外环面，离轴线较近的半圆回转形成内环面。正面投影中，前、后外环面投影重合，前半外环面是可见的，后半外环面不可见；前、后内环面投影重合，均不可见，内环面的转

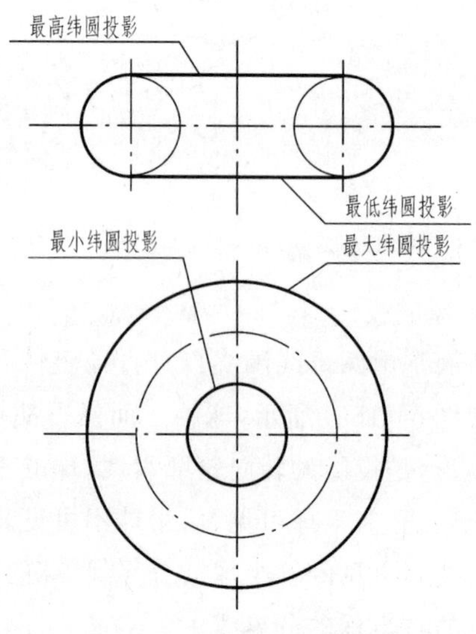

图 5-16　圆环的投影

向轮廓线画成虚线。

【例 5-4】 求作图 5-17 所示的柱基水平投影和侧面投影。

【分析】 本例为平面立体与曲面立体叠合而成的组合体。可分解成圆柱 1、圆柱 2、环和六棱柱共四个立体，如图5-18 所示，由上而下依次叠合。

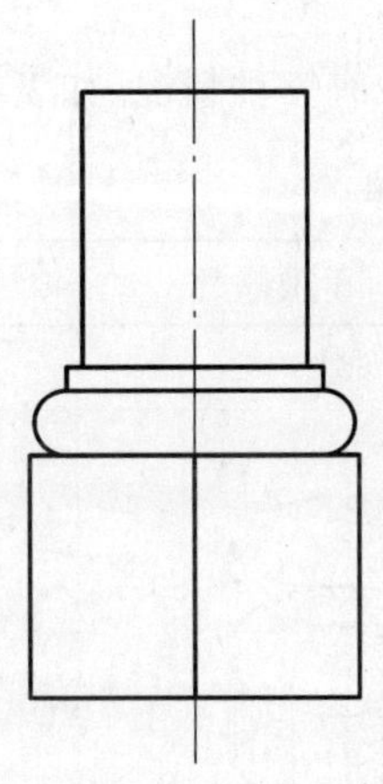

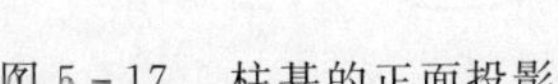

图 5-17　柱基的正面投影

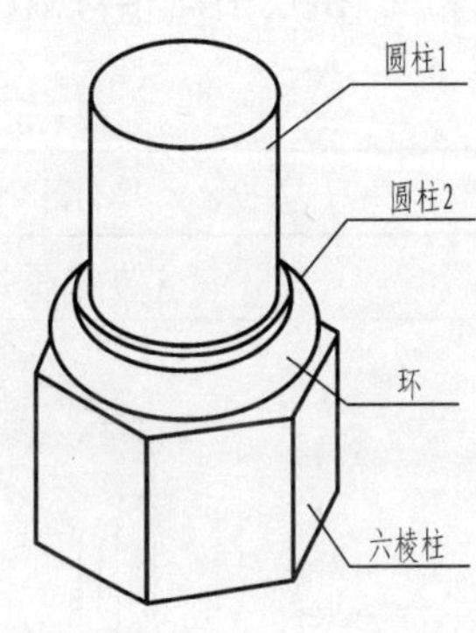

图 5-18　柱基的形体分析

【解】 如图 5-19 所示，作图步骤如下：

(1) 作出水平投影和侧面投影的对称中心线；

(2) 求出六棱柱的水平投影和侧面投影；

(3) 依次求出环、圆柱 2、圆柱 1 的水平投影和侧面投影。

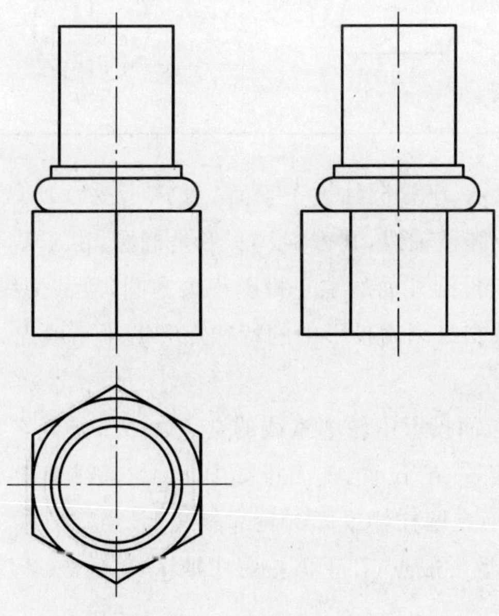

图 5-19　柱基的三面投影

第三节　平面与回转体表面相交

一、平面与圆柱相交

平面与圆柱面相交，由于平面相对圆柱的位置不同，截交线有三种情况，如表 5－1 所示。

表 5－1　圆柱面的截交线

截平面位置	平行于轴线	垂直于轴线	倾斜于轴线
截交线形状	两条直素线	圆	椭圆
立体图	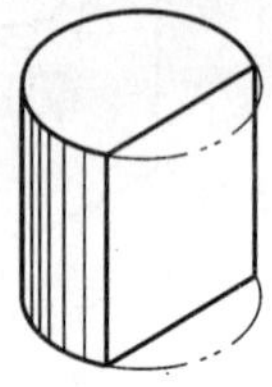	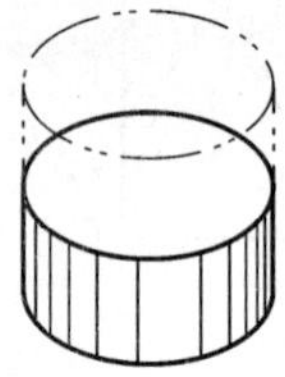	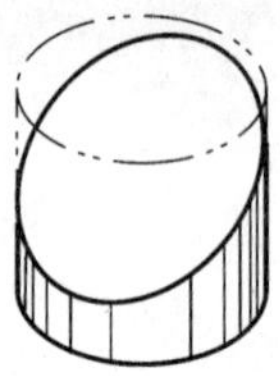
投影图	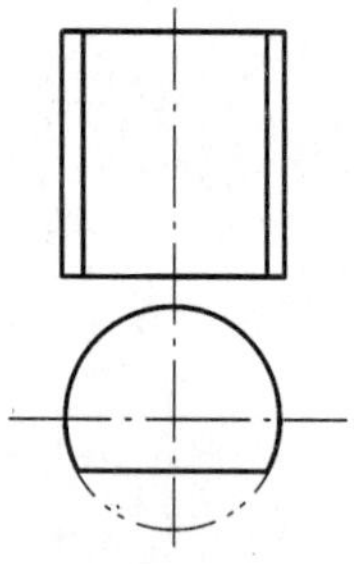	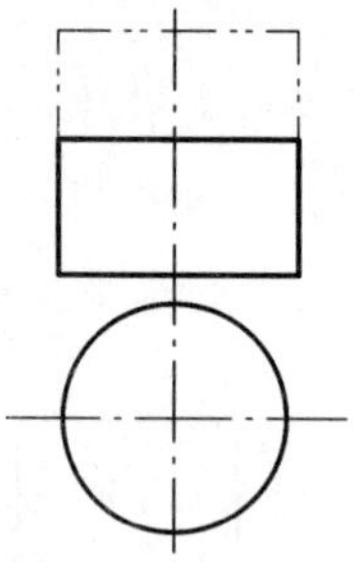	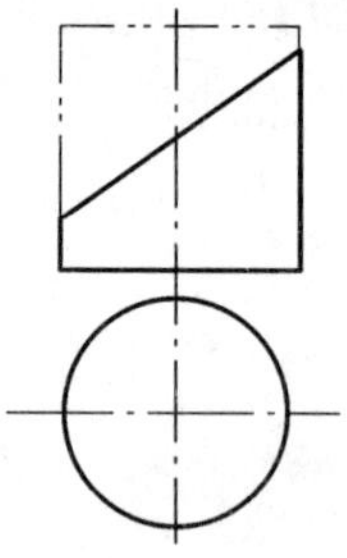

【例 5－5】　如图 5－20 所示，已知圆柱被正垂面（用 P_V 表示）所截切，试完成它的侧面投影。

【分析】　截平面 P 倾斜于圆柱轴线，其截交线实形是椭圆。由于截平面为正垂面，截交线属于 P 平面，故截交线正面投影与 P_V 重合。圆柱面的水平投影积聚为圆，故截交线的水平投影与此圆重合。下面利用圆柱表面取点的方法，作出截交线侧面投影中的特殊点和若干一般点，依次连成光滑的曲线。

【解】　作图过程如下：

(1) 求特殊点。P_V 与圆柱正面投影中轮廓素线的交点 a'、b'，是截交线椭圆的长轴端点，也是最低、最高及最左、最右点，由 a'、b' 确定 a''、b'' 位置。正面投影中 P_V 与轴线交于 C、D 两点，是截交线椭圆短轴端点，也是最前、最后点，c''、d'' 对应在圆柱侧投影的轮廓素线上。

(2) 在特殊点之间，适当选取一般点，在正面投影中取 $1'(2')$、$3'(4')$，通过圆柱面上取点的方法，作出相应侧投影 $1''$、$2''$ 以及 $3''$、$4''$。

(3) 用光滑曲线按顺序把上述特殊及一般点连接起来，即为所求截交线的侧投影。不难发现，当 P_V 与圆柱轴线夹角为 45° 时，截交线椭圆长、短轴的侧面投影相等，截交线的侧面投影为圆。

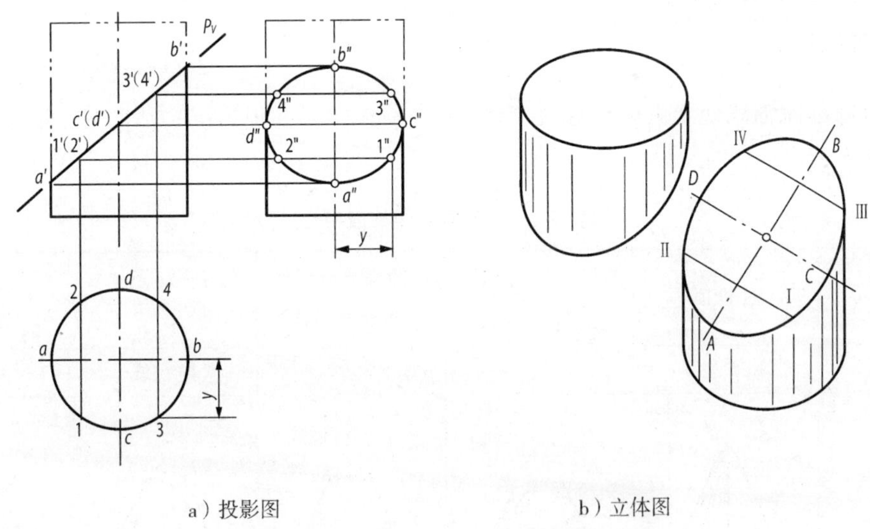

a）投影图　　　b）立体图

图 5-20　求圆柱截交线的侧投影

【例 5-6】 如图 5-21 所示，已知带切口圆柱筒的正面投影和水平投影，求侧面投影。

【分析】 切口是由两个侧平面和一个水平面切割生成，两个侧平面关于圆柱轴线左右对称，它们与圆柱面的交线为直素线，侧投影对应重合。水平截面与圆柱面的交线为一段圆弧，该圆弧与圆柱面具有积聚性的水平投影重合。

【解】 作图步骤如下：

(1) 作位于左边的侧平面与外圆柱面的交线，根据水平投影中前后交线 aa_0 及 dd_0 的 y 坐标，在侧投影中量取相同的 y 坐标，确定 $a''a_0''$ 及 $d''d_0''$ 的位置。右边的侧平面与圆柱面所生成截交线重合于此。

(2) 同理，作位于左边的侧平面与内圆柱面的交线 $b''b_0''$ 及 $c''c_0''$，这两段素线在圆柱筒内壁，侧投影不可见，画成虚线。

(3) 作出水平截面与圆柱筒相交后的侧投影，注意可见性，其中 $a_0''b_0''$ 及 $c_0''d_0''$ 是不可见的，以虚线画出。

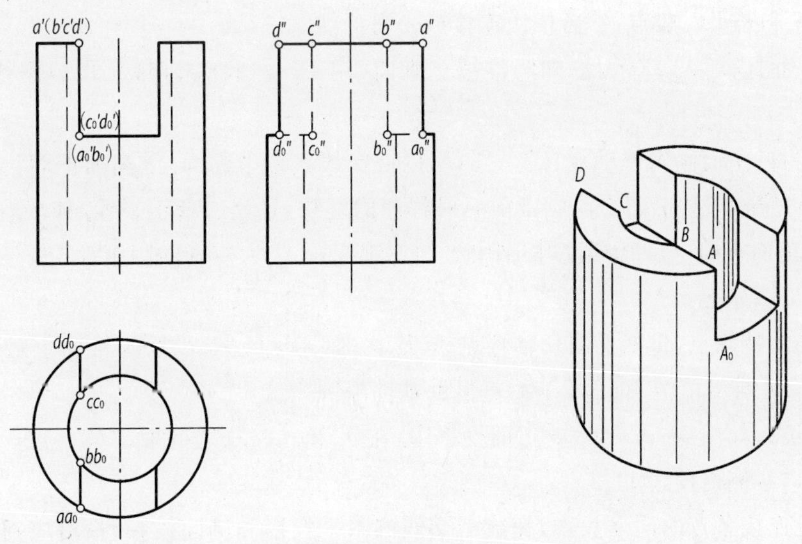

图 5-21　带切口的圆柱筒投影

二、平面与圆锥相交

截平面相对圆锥面轴线处于不同位置时，截交线的形状可有五种情况：直线、圆、椭圆、抛物线、双曲线，如表 5－2 所示。

表 5－2　平面与圆锥面相交

截平面位置	过锥顶	垂直于圆锥轴线 $\theta=90^\circ$	与圆锥所有素线相交 $\theta>\alpha$	平行于一条素线 $\theta=\alpha$	平行于两条素线 $\theta<\alpha$
截交线形状	两条素线	圆	椭圆	抛物线	双曲线
立体图	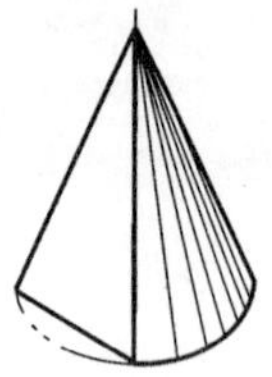	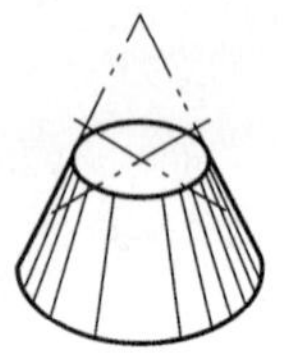	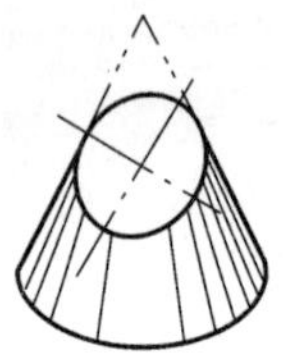	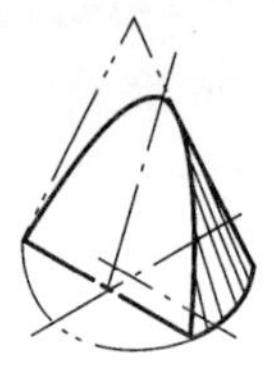	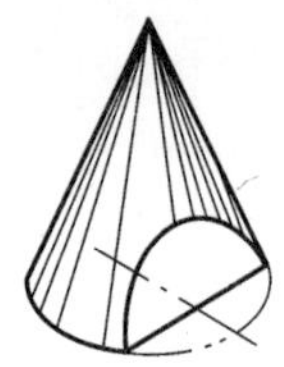
投影图	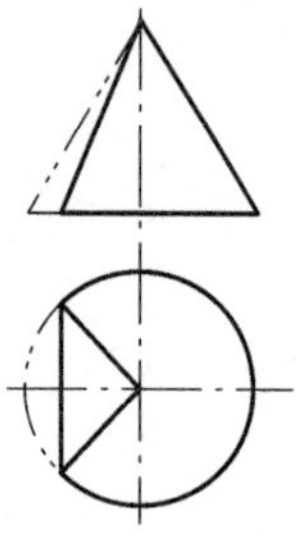	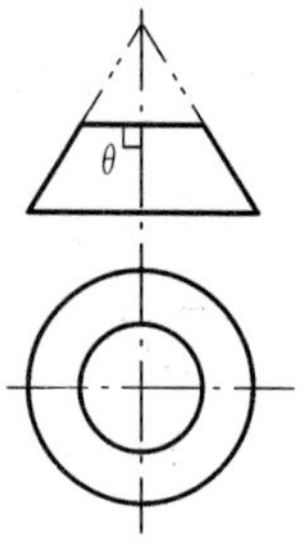	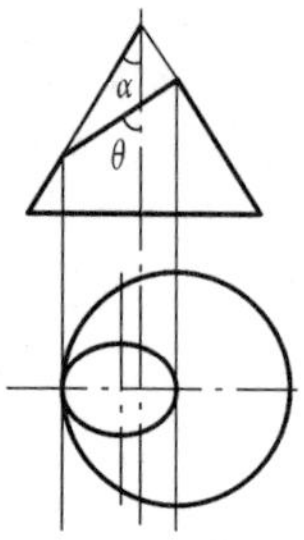	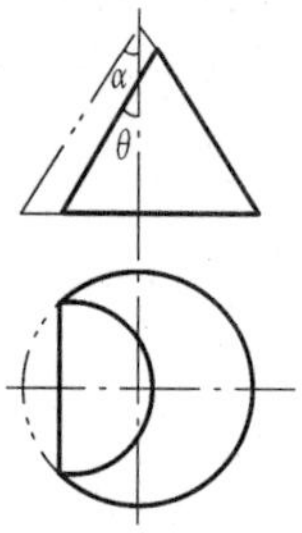	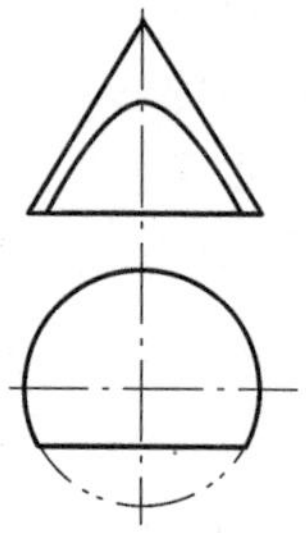

求圆锥截交线与求圆柱截交线的方法相似，当截交线为非圆曲线时，利用圆锥面上取点的方法，求出截交线上的特殊点和若干一般点，然后依次连接成光滑曲线。

【例 5－7】　如图 5－22 所示，已知圆锥被正垂面(用 P_V 表示) 截切，求作截交线的水平投影及侧面投影。

【分析】　因为截平面倾斜于轴线且 $\theta>\alpha$，所以截交线实形为椭圆。该椭圆正面投影积聚为直线段，与 P_V 重合。椭圆的长轴即截平面 P 与圆锥前后对称面的交线，它是一条正平线，其端点在最左、最右素线上，$a'b'$ 即长轴的正面投影。短轴为通过长轴中点的正垂线，$c'd'$ 为短轴的积聚性投影。

【解】　作图步骤如下：

(1) 求截交线的特殊点，包括椭圆长轴端点 A、B，短轴端点 C、D，以及圆锥面上最前、最后素线上的 E、F 点。其中由 c'、d' 求出 c、d 和 c''、d'' 时，可借助辅助纬圆完成。

(2) 选作一般点，如图 5－22 所示的正面投影中，在 a' 和 $c'(d')$ 之间取 $1'(2')$ 点，用辅助纬圆法求出对应的水平投影 1、2，侧面投影 $1''$、$2''$。

(3) 依次光滑连接各点的同面投影，完成截交线的水平投影和侧面投影，最后应判明可见性，本例中截交线的水平及侧面投影均可见。

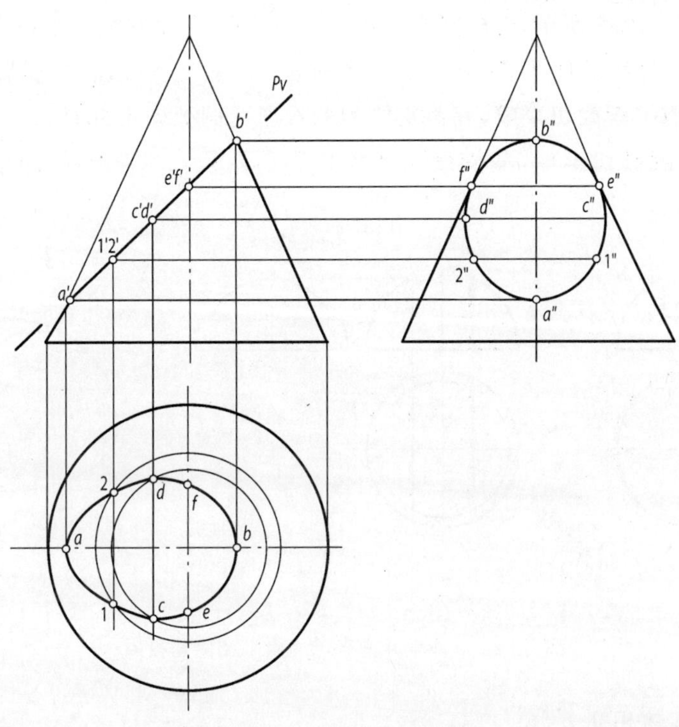

图 5-22 正垂面与圆锥相交

三、平面与球相交

平面与球的截交线总是圆。当截平面为某投影面的平行面时，截交线在该投影面上的投影反映实形，其他两个投影积聚为直线，长度均等于截交线圆的直径。当截平面为某投影面的垂直面时，截交线在此投影面上的投影积聚为直线，长度等于截交线圆直径，而在截平面所倾斜的其余两个投影面上，截交线圆投影为椭圆。

如图 5-23 所示为圆球分别被水平面、正平面和侧平面截切后的投影图。

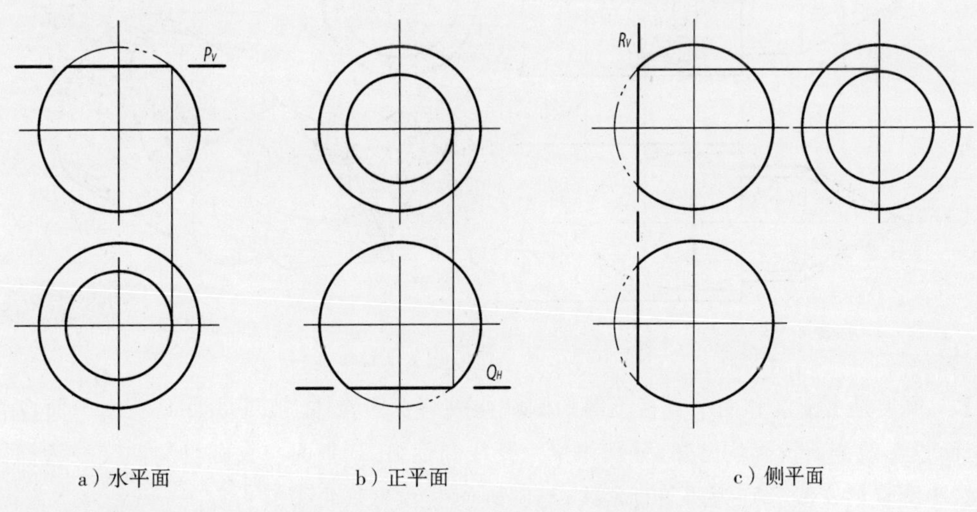

a）水平面　　b）正平面　　c）侧平面

图 5-23 投影面的平行面截切圆球

【例 5-8】 如图 5-24a）所示，已知开槽半球的正面投影，补全它的水平投影及侧面投影。

【解】 半球被两个对称的侧平面和一个水平面截切，截交线的正面投影均聚积为直线段，如图 5-24b）所示。两个侧平面截切半球，其截交线的侧投影为圆弧实形并且重合，水平投影分别积聚为两条直线段。一个水平面截切半球，截交线的水平投影为两段反映实形的圆弧，侧面投影积聚为直线段。

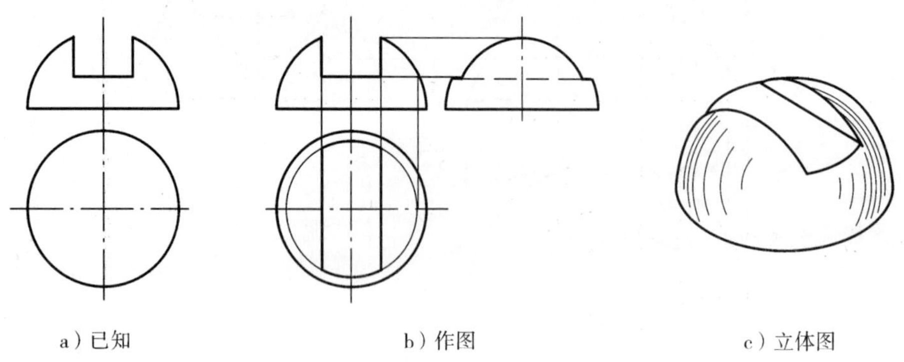

a）已知　　b）作图　　c）立体图

图 5-24　补全开槽半球的水平及侧面投影

四、平面和组合回转体相交

组合回转体是指由两个或两个以上具有公共轴线的基本回转体组合成的立体。求截平面与组合回转体的截交线投影时，可分别求出截平面与各基本回转体表面的交线，并求出它们的分界点，然后依次连接组合成所求的截交线。

【例 5-9】 如图 5-25 所示为一顶尖的头部，试根据正面投影及侧面投影完成其水平投影。

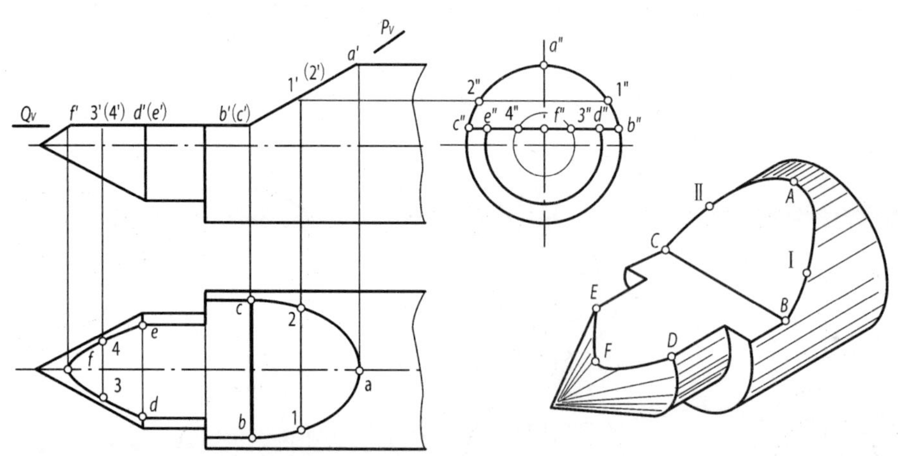

图 5-25　补全顶尖的水平投影

【分析】 顶尖是由圆锥和两个直径不等的圆柱构成组合回转体，被正垂面 P 及水平面 Q 切割而成。截交线的正面投影及侧面投影均已知，分别积聚为直线和圆弧。P 平面与大圆柱的截交线为椭圆的一段，Q 平面与大、小圆柱的交线分别为两条直素线，与圆锥面交线为双曲线。

【解】　作图步骤如下：

(1) 作 P 平面与大圆柱的截交线，该椭圆弧的最高点 A、最低点 B、C 两点、Ⅰ、Ⅱ 为一般位置点。

(2) 分别作 Q 平面与大、小圆柱面的交线，它们分别为两条直素线。

(3) 作 Q 平面与圆锥截交而成的双曲线，特殊点中，D、E 为最右点，也是与小圆柱截交线的分界点，F 为最左点（顶点），Ⅲ、Ⅳ 为一般位置点。

(4) P、Q 两截平面交线的水平投影 bc 应该用粗实线画出，由双曲线及两对素线组合成的截面图形同属截平面 Q，其水平投影内不要画粗实线，但是要以虚线描绘大圆柱、小圆柱以及圆锥之间的分界。

第四节　两回转体表面相交

两立体表面相交，交线称为相贯线。相贯线一般是封闭的空间曲线，特殊情况下可以是平面曲线或直线；此外，相贯线是两立体表面的共有线。所以求作相贯线的投影，可以归结为求两立体表面一系列公共点的过程，先求特殊点，即能够确定相贯线投影范围和走向的关键点，如转向轮廓线上的点，可见性分界点，相贯线上的最高、最低、最前、最后、最左、最右等极限位置点。然后适当选作若干一般位置点，再将这些点的同面投影依次连接成光滑曲线。连接相贯线投影，应该判明可见性。

求相贯线的基本方法有表面取点法和辅助平面法。

一、表面取点法

两回转体表面相交，如果其中有一个是轴线垂直于某投影面的圆柱体，则相贯线在该投影面上的投影就重合在圆柱面的积聚性投影上，这样，求相贯线的问题就转化为：已知某回转体表面上的一条曲线的某一投影求作其他投影的问题。这个作图过程可以通过在曲面立体的表面上取点的方法完成。

【例 5-10】　如图 5-26 所示，求正交两圆柱的相贯线投影。

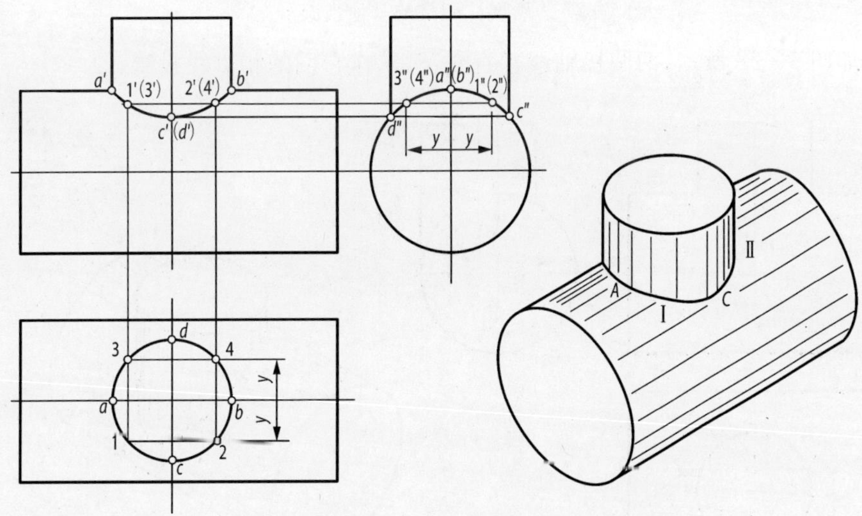

图 5-26　作正交两圆柱的相贯线投影

【分析】　两圆柱正交，相贯线为前后、左右均对称的封闭空间曲线。小圆柱的轴线是铅垂线，其水平投影积聚为圆，相贯线的水平投影重合在这个圆上；大圆柱的轴线是侧垂线，其侧投影积聚为圆，相贯线的侧面投影重合在小圆柱轮廓线范围内的一段圆弧上。于是问题归结为已知相贯线的水平投影及侧面投影，求作其正面投影，可采用在圆柱表面取点的方法作图。

【解】 作图步骤如下：

(1) 先作相贯线上的特殊点，最左、最右点 A、B(也是相贯线的最高点)，最前、最后点 C、D(也是相贯线的最低点)。

(2) 求一般点，在特殊点之间的适当位置，取一般点 Ⅰ、Ⅱ、Ⅲ、Ⅳ，先在水平投影中取 1、2、3、4，按 Y 坐标的对应关系确定 $1''$、$2''$、$3''$、$4''$，根据水平及侧面投影确定正面投影 $1'$、$2'$、$3'$、$4'$。

(3) 在正面投影中，依次光滑连接各点的投影，得出相贯线的正面投影，相贯线的正面投影前后对称重合，前半部可见，后半部不可见。

除了两圆柱体相交以外，如图 5-27a) 所示为圆柱孔与圆柱体相交，如图 5-27b) 所示为两圆柱孔垂直相交的情形，它们的相贯线具有相同形状，作图的方法也是相同的。

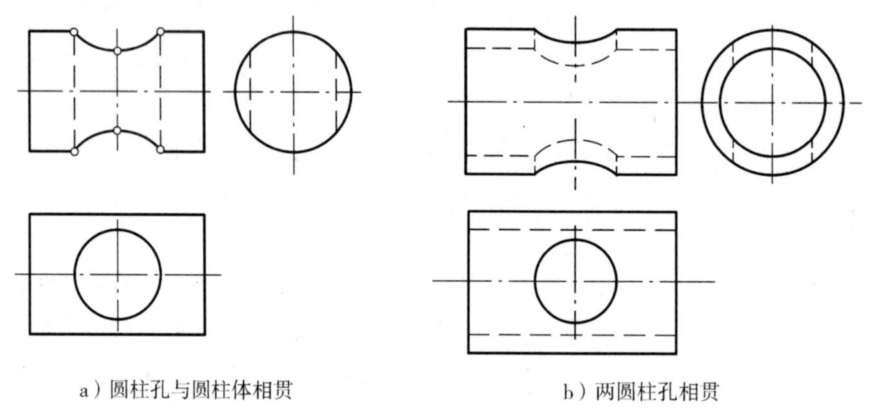

a) 圆柱孔与圆柱体相贯　　b) 两圆柱孔相贯

图 5-27　两圆柱相贯的其他情况

【例 5-11】 如图 5-28 所示，两圆柱轴线垂直交叉，求作它们的相贯线投影。

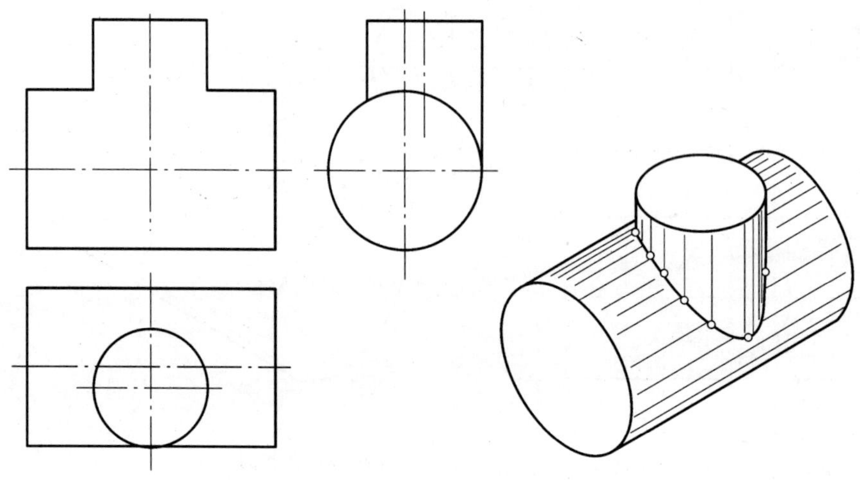

图 5-28　轴线垂直交叉的两圆柱相交

【解】 相贯线的水平投影和侧面投影分别重合在相应圆柱面的积聚性投影上。

如图 5－29 所示，作图步骤如下：

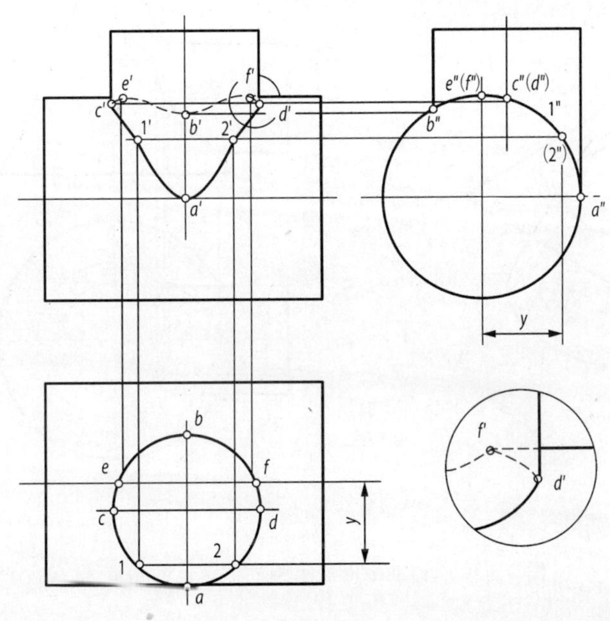

图 5－29 完成轴线垂直交叉两圆柱的相贯线

(1) 取特殊点，根据已知相贯线的水平投影和侧面投影，取相贯线上最前、最后点 A、B(A 点同时为最低点)，最左、最右点 C、D，最高点 E、F，按圆柱面上取点的对应关系确定正面投影 a'、b'、c'、d'、e'、f'。

(2) 求若干一般点，在特殊点之间较稀疏处，适当选作一般点，在点 A 和 C、D 之间取 Ⅰ、Ⅱ 两点，先选作水平投影 1、2，按 Y 坐标对应取侧投影 $1''$、$2''$，然后确定正面投影 $1'$、$2'$。

(3) 依次光滑连接各点的正面投影，并判明可见性，依照只有当一段相贯线同时位于两立体的可见表面时，该段相贯线方可见的原则，本例相贯线的正面投影中 C、D 两点为可见性的分界点，$c'1'a'2'd'$ 段可见，画成实线，其余不可见段画成虚线。正面投影中两圆柱轮廓线交点是重影点，不在相贯线上，应补画清晰轮廓线及其可见性，图右下方为相应的局部放大图。

二、辅助平面法

用辅助平面截切两相交的回转体时，在这个辅助平面上的两组截交线必相交，交点既属于辅助平面，又同属于两回转体表面，因此是三个面的公共点，即为相贯线上的点。为了方便作图，通常选用投影面的平行面作为辅助平面，这样产生的截交线形状比较简单，便于作图。

【例 5－12】 如图 5－30 所示，圆柱与圆锥正交，补全相贯线的正面投影及水平投影。

【分析】 圆柱轴线为侧垂线，所以相贯线的侧投影重合在圆柱面积聚性的侧投影上。两回转体有一个公共的前后对称平面，因此相贯线前后对称，在正面投影中，相贯线可见的前半部和不可见的后半部投影重合。如同求截交线的方法一样，取点作图时，仍应先取相贯线上的一些特殊点，确定相贯线投影的范围走向，再适当选作一般点，顺序连成相贯线的投影。

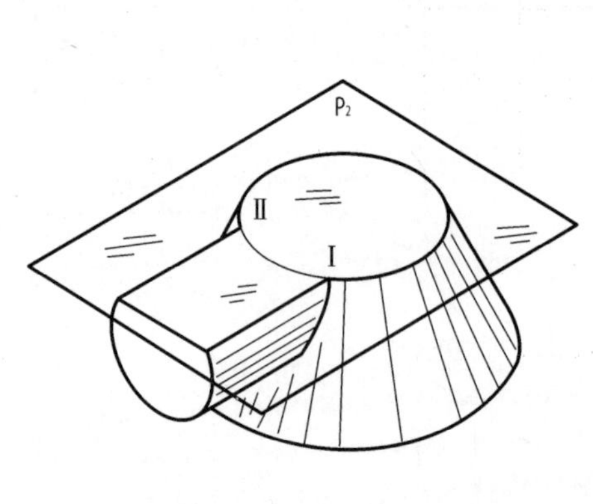

a）辅助平面法原理

b）求圆柱与圆锥的相贯线

图 5-30　辅助平面法求圆柱与圆锥的相贯线

【解】　作图步骤如下：

(1) 求特殊点，相贯线最高、最低点 A、B 分别位于圆柱的最高、最低两条素线上，正面投影中圆柱和圆锥转向轮廓线的交点即为 a'、b'，按投影关系直接确定水平投影 a、b。在正面投影中，过圆柱的轴线作辅助水平面 P_1，可求得最前点 C 和最后点 D，正面投影中 $c'(d')$ 重合，水平投影中 c、d 位于圆柱轮廓线上，是相贯线水平投影的可见性分界点。

(2) 求一般点，在 A 与 C、D 点之间，选作辅助水平面 P_2，求出一般点 Ⅰ、Ⅱ。

(3) 依次光滑连接各点的同面投影，并判明可见性。依据判定相贯线投影可见性的原则，水平投影中处于下半圆柱面的 cbd 段是不可见的，应当用虚线画出。此外请注意水平投影中，圆柱的前后轮廓素线分别画至 c、d 两点。

本例中圆柱面的侧投影具有积聚性，可以看成已知相贯线的一个投影，因而也可运用上节叙述的表面取点法求相贯线的其余两投影，请读者自行分析。

三、相贯线的特殊情况

两回转体的相贯线，一般情况下是封闭的空间曲线，但是在特殊条件下，可能是平面曲线或者直线，以下是常见的两种情况：

(1) 两个同轴的回转体相交，相贯线是垂直于轴线的圆。如图 5-31 所示，当轴线为铅垂线时，相贯线为水平圆，它的水平投影为实形，正面投影积聚为轴线的垂直线段。

(2) 两个回转体表面同时外切于一个球面时，它们的相贯线为平面曲线。如图 5-32a) 所示两圆柱垂直相交且同时外切于同一个球面，其相贯线为两个相等的椭圆；如图 5-32b) 所示为圆柱与圆锥正交且公切于一个球面，其相贯线也是两个相等的椭圆。以上两例中相贯线均位于正垂面上，其正面投影积聚为两条直线段。

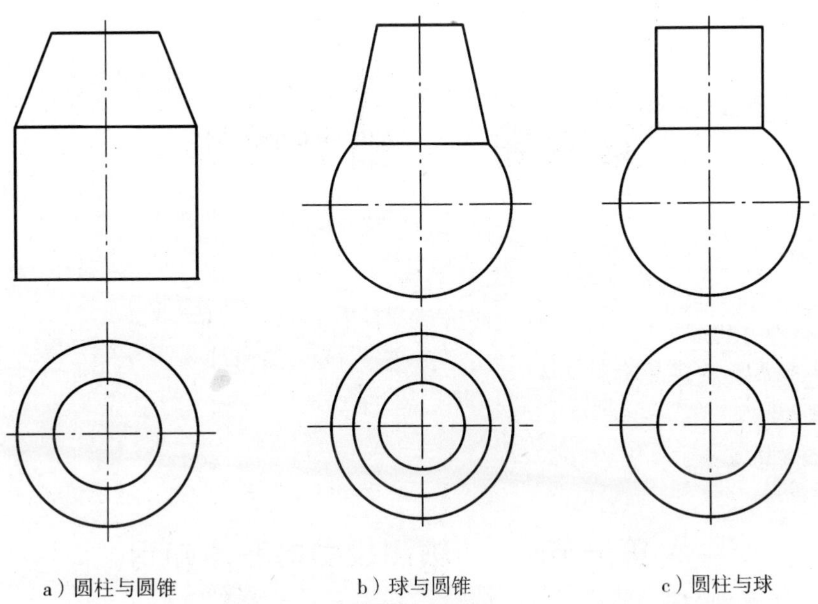

图 5 - 31　同轴回转体表面的交线为圆

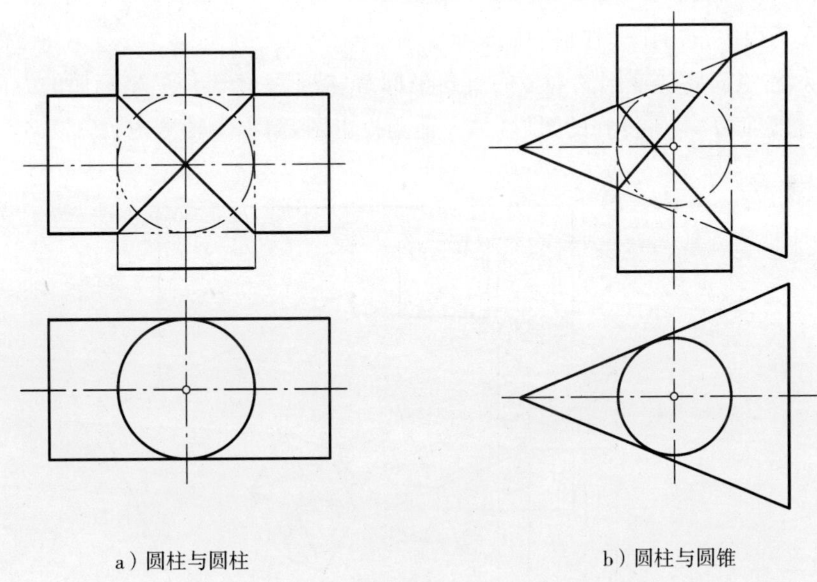

图 5 - 32　具有公共内切球的两回转体表面交线

第六章　轴测投影

学习目标：

掌握轴测投影的基本知识和绘制方法。

学习重点和难点：

正等测和斜二测的画法。

第一节　轴测投影的基本知识

一、轴测投影的形成

轴测投影是物体在平行投影下形成的一种单面投影，它能同时反映物体长、宽、高三个方向的形状，因而富有立体感，在工程中常用作一种辅助性图样。

如图 6-1 所示，将空间物体连同其参考的直角坐标系，沿不平行于任一坐标面的方向 S，用平行投影法将其投射在单一投影面 P 上所得到的图形，称为轴测投影图，简称为轴测图。P 平面称为轴测投影面，S 为投影方向。

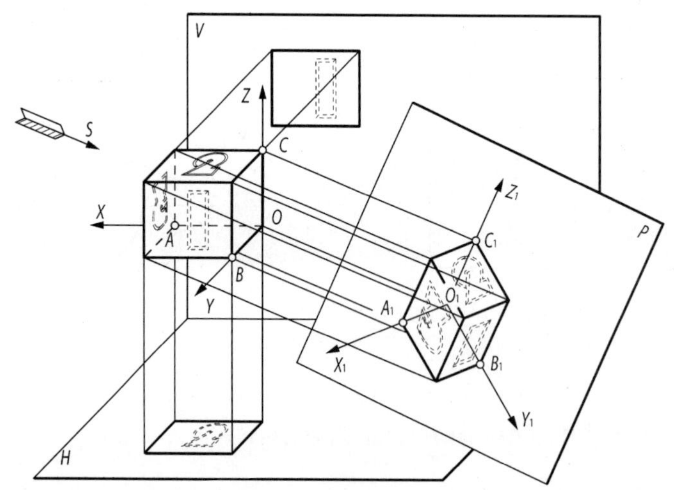

图 6-1　轴测投影的形成

二、轴测轴、轴间角、轴向伸缩系数、轴测投影的特性

如图 6-1 所示，空间直角坐标轴 OX、OY、OZ 的轴测投影 O_1X_1、O_1Y_1、O_1Z_1 称为轴测投影轴，简称为

轴测轴。轴测轴之间的夹角 $\angle X_1O_1Y_1$、$\angle X_1O_1Z_1$、$\angle Y_1O_1Z_1$ 称为轴间角。

轴测轴上的线段与空间坐标轴上对应线段的长度之比，称为轴向伸缩系数。沿 X、Y、Z 轴的轴向伸缩系数分别用 p、q、r 表示，即：

$$p=\frac{O_1A_1}{OA};\quad \frac{O_1B_1}{OB};\quad r=\frac{O_1C_1}{OC}。$$

轴测投影所采用的投影方法是平行投影法，从而具有平行投影的投影特性。在作图时，应特别注意以下两点：

(1) 空间相互平行的线段，其轴测投影仍相互平行；

(2) 空间平行于某坐标轴的线段，其伸缩系数与该坐标轴的伸缩系数相同。

三、轴测图的分类

根据投影方向的不同，轴测投影分为以下两大类：

(1) 正轴测图——投影方向垂直于轴测投影面。根据其三个轴向伸缩系数是否相等，又可进一步分为正等测、正二测和正三测。

(2) 斜轴测图——投影方向倾斜于轴测投影面。根据其三个轴向伸缩系数是否相等，又可进一步分为斜等测、斜二测和斜三测。

工程上用得较多的轴测图是正等测和斜二测，下面主要介绍其画法。

第二节 正等测的画法

一、正等测图的轴间角和轴向伸缩系数

经理论证明，正等测轴间角和各轴向伸缩系数均相等，即：

$$\angle X_1O_1Y_1=\angle X_1O_1Z_1=\angle Y_1O_1Z_1=120°,$$

$$p=q=r\approx 0.82。$$

在作图时，一般将 O_1Z_1 轴放在铅垂位置，O_1X_1、O_1Y_1 分别与水平方向成 30° 角，并且为了作图简便，采用简化的伸缩系数，取 $p=q=r=1$，如图 6-2 所示。

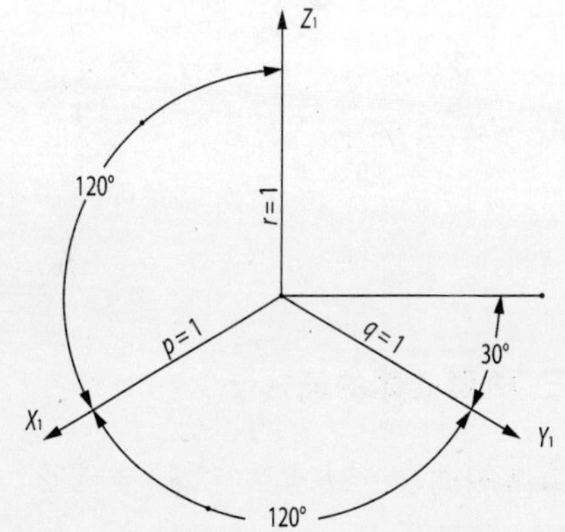

图 6-2 正等测图的轴间角和轴向伸缩系数

二、平面立体的画法

画平面立体轴测图的基本方法是坐标法，即根据立体表面上各顶点的坐标，画出各点的轴测投影，然后连接可见轮廓线(虚线一般不画)，即为立体轴测图。

【例 6-1】 作如图 6-3a) 所示正六棱柱的正等测。

【解】 如图 6-3a) 所示的六棱柱，具有前后、左右均对称以及上下表面形状相同的特点，因此，可将

坐标原点选在顶面中心。作图方法和步骤如下：

（1）在已知的视图上选坐标原点和坐标轴，如图 6－3a）所示；

（2）画轴测轴，并根据坐标在轴上定出点 Ⅰ、Ⅳ、A、B，如图 6－3b）所示；

（3）过点 A、B 分别作 O_1X_1 平行线，并根据点 Ⅱ、Ⅲ、Ⅴ、Ⅵ 的 X 坐标，在平行线上定出点 Ⅱ、Ⅲ、Ⅴ、Ⅵ，如图 6－3c）所示；

（4）顺次连接点 Ⅰ、Ⅱ、Ⅲ、Ⅳ、Ⅴ、Ⅵ，得顶面的正等测，如图 6－3d）所示；

（5）自顶点 Ⅵ、Ⅰ、Ⅱ、Ⅲ 作 O_1Z_1 平行线，并截取其长度为六棱柱的高，得底面各可见点，如图 6－3e）所示；

（6）连接底面各顶点，擦去多余的作图线，描深，完成作图，如图 6－3f）所示。

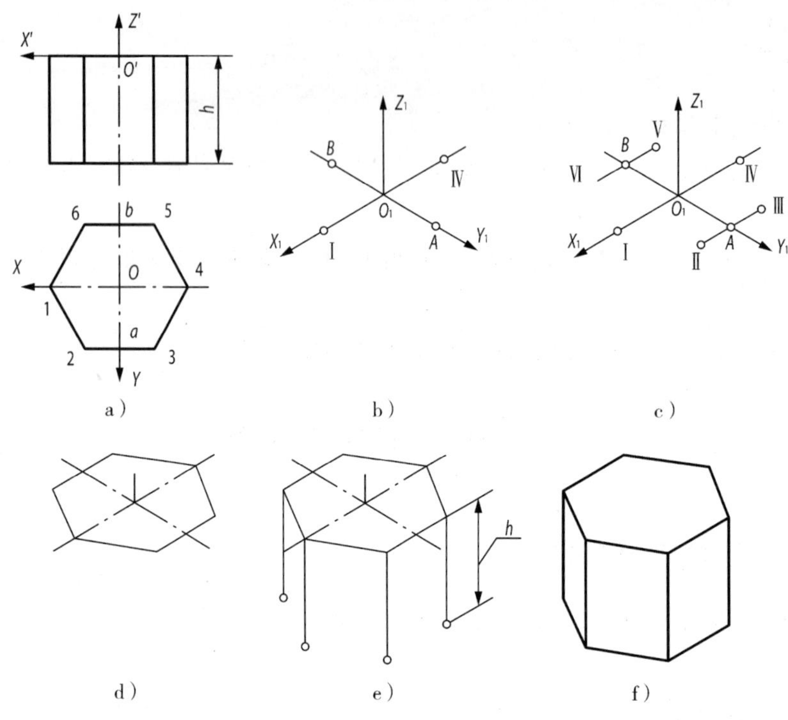

图 6－3　正六棱柱的正等测

三、曲面立体的画法

简单的曲面立体有圆柱、圆锥、圆球、圆环等，在画这些曲面立体的正等测图时，首先要掌握坐标面内或平行于坐标面的圆的正等测图画法。

1. 坐标面内或平行于坐标面的圆的正等测

如图 6－4 所示，坐标面内或平行于坐标面的圆的正等测图，均为椭圆。这三个椭圆大小相同，只是长、短轴的方向不同而已。作图时，可用四段圆弧近似地代替椭圆弧。现以水平面内的圆为例，介绍其正等测画法，如图 6－5 所示，作图方法和步骤如下：

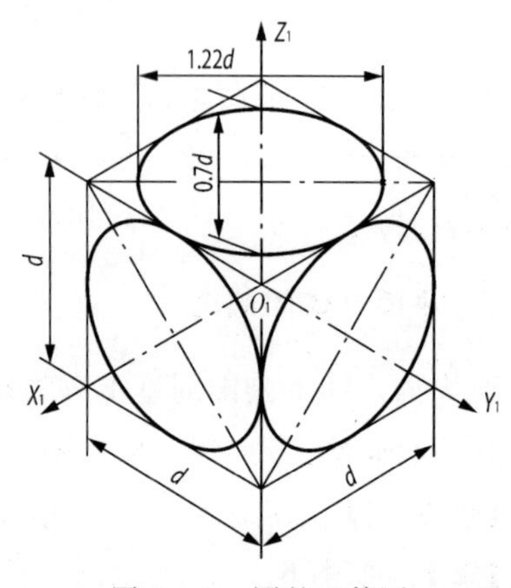

图 6－4　圆的正等测

1）画轴测轴及长短轴，并以 O_1 为圆心、圆的直径 d 为直径画圆，如图 6－5a）所示；

2）以短轴上点 O_2（O_3）为圆心，以 O_2B（O_3A）为半径画两个大圆弧，如图 6－5b）所示；

3）以 O_1 为圆心，O_1C 为半径画弧交长轴于 O_4、O_5 两点，如图 6－5c）所示；

4）以 O_4（O_5）为圆心，O_4K（O_5M）为半径画两个小圆弧，即连成近似椭圆（四心扁圆），K、L、M、N 为切点，如图 6－5d）所示。

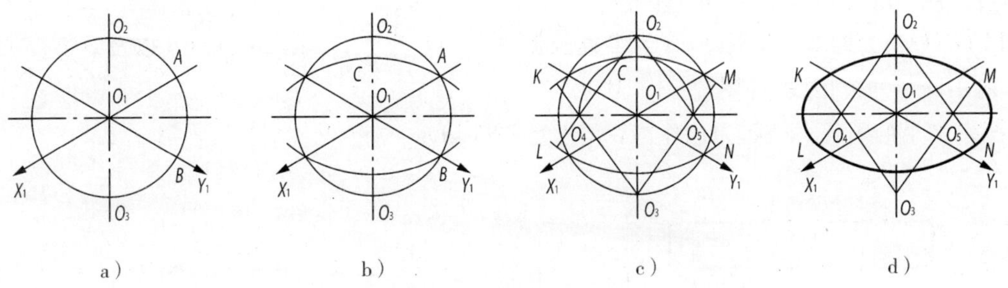

图 6－5　正等测椭圆的近似画法

2. 回转体的画法

【例 6－2】　作如图 6－6a）所示圆柱的正等测图。

【解】　圆柱的上、下底面均为平行于水平面的圆，其轴测椭圆形状、大小一样，故可用平移法作图。作图方法和步骤如下：

(1) 确定坐标轴和投影轴，画顶面的近似椭圆，作出底面椭圆的中心和长、短轴，如图 6－6b）所示；

(2) 用平移法将画顶面椭圆的四段圆弧的圆心沿 Z_1 轴方向向下平移，作底面近似椭圆的可见部分，如图 6－6c）所示；

(3) 作上下两椭圆的公切线，擦去多余的图线，加深，完成作图，如图 6－6d）所示。

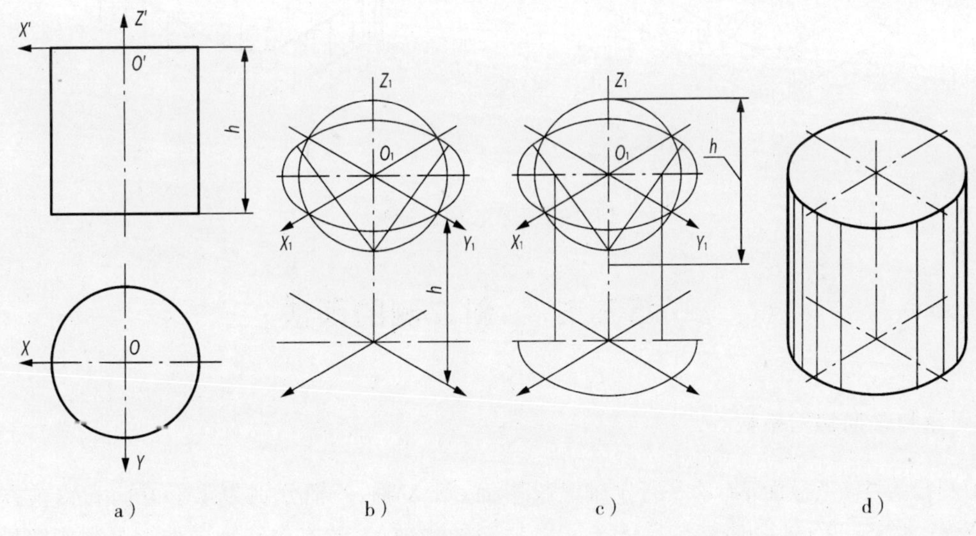

图 6－6　圆柱的正等测

3. 小圆角的画法

【例 6-3】 作如图 6-7a) 所示底板的正等测图。

【解】 该底板是长方体用圆柱面切割前方左右两角形成的，可将切割法和平移法结合起来作图。作图方法和步骤如下：

(1) 画长方体正等测，并以半径 R 为截取长度，由点 M、N 沿边线截取，得点 A、B、C、D，过这四点作边线的垂线得交点 O_1、O_2，如图 6-7b) 所示；

(2) 以 $O_1(O_2)$ 为圆心，$O_1A(O_2C)$ 为半径画弧 AB、CD，用平移法得点 O_3、O_4 以及点 E、F、G，作出底圆弧并作两小圆弧的公切线，如图 6-7c) 所示；

(3) 擦去多余的图线，加深，完成作图，如图 6-7d) 所示。

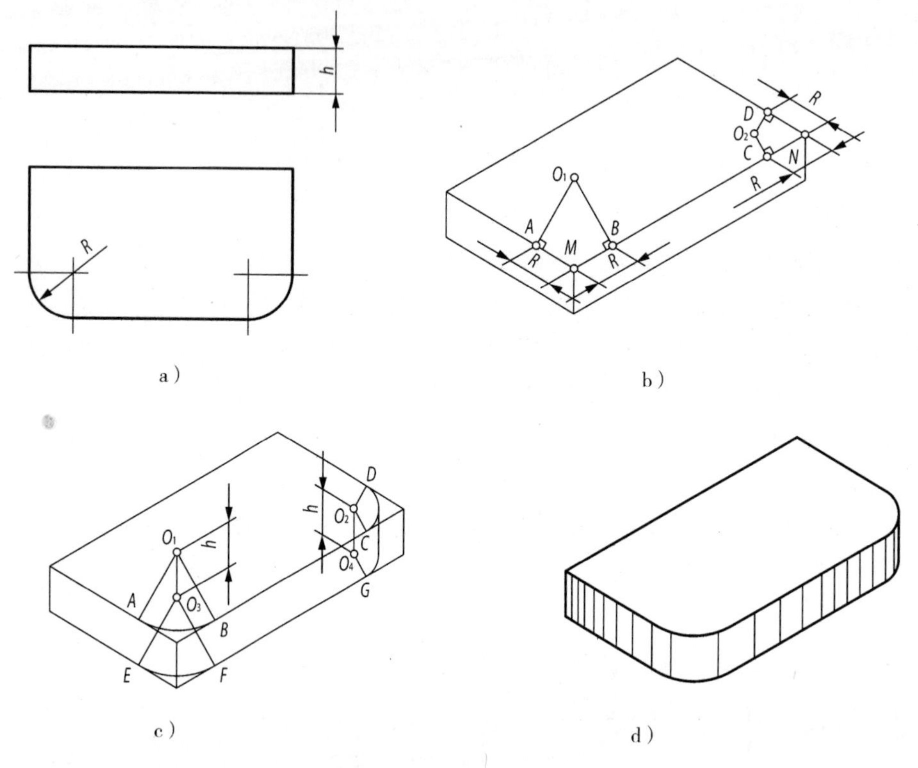

图 6-7 底板的正等测

第三节 斜二测的画法

一、轴间角和轴向伸缩系数

在斜轴测投影中，坐标面 XOZ 平行于轴测投影面，则 X 轴、Z 轴分别为水平方向和铅垂方向。此时，轴间角 $\angle X_1O_1Z_1 = 90°$，轴向伸缩系数 $p = r = 1$，而轴测轴 Y_1 的方向和轴向伸缩系数则随投影方向的变化而变化，通常取轴间角 $\angle X_1O_1Y_1 = \angle Y_1O_1Z_1 = 135°$，$q = 0.5$，如图 6-8 所示。这样得到的轴测图，称为正面斜二等轴测图，简称斜二测。

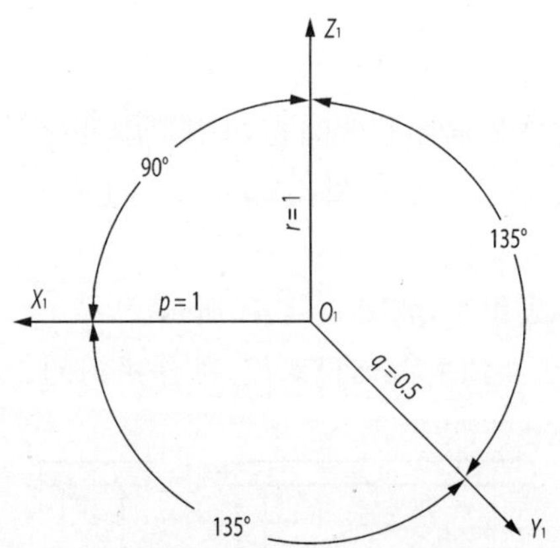

图 6－8　斜二测图的轴间角和轴向伸缩系数

二、斜二测的画法

斜二测最大的特点是：凡平行于轴测投影面的图形均反映实形。因此，当形体的某一个方向上有较多的圆或曲线轮廓，而另外两个方向上均为直线轮廓或只有较少的曲线轮廓时，常采用斜二测，只要将圆或曲线轮廓置于平行于轴测投影面的位置，则作图最简便。

【例 6－4】　作如图 6－9a）所示法兰盘的斜二测。

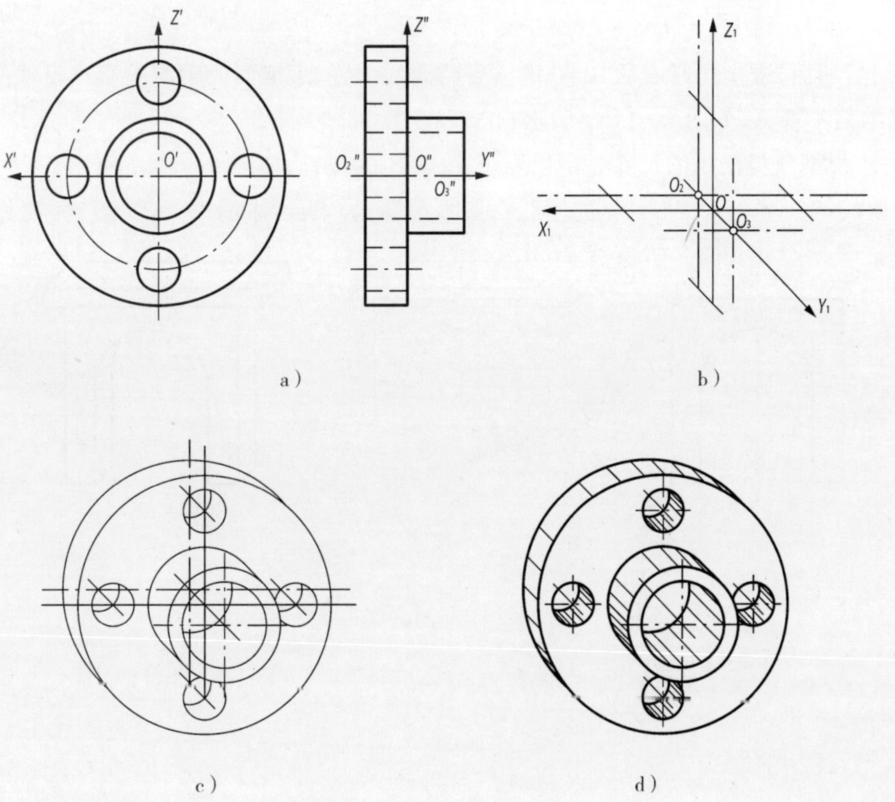

图 6－9　法兰盘的斜二测

【解】 作图方法和步骤如下：

(1) 在已知视图上选坐标原点和坐标轴，如图 6－9a) 所示；

(2) 画轴测轴，并在 Y_1 轴上定出各端面圆的圆心 O_2、O_3 以及四个小圆孔的中心，如图 6－9b) 所示；

(3) 作出各端面上的圆(特别要注意四个小圆孔后端面上的圆，看得见的部分应画出)，并作外轮廓圆的公切线，如图 6－9c) 所示；

(4) 擦除多余的图线，加深，完成作图，如图 6－9d) 所示。

【例 6－5】 如图 6－10 所示为拱门的两面投影图，求作拱门的正面斜二测投影。

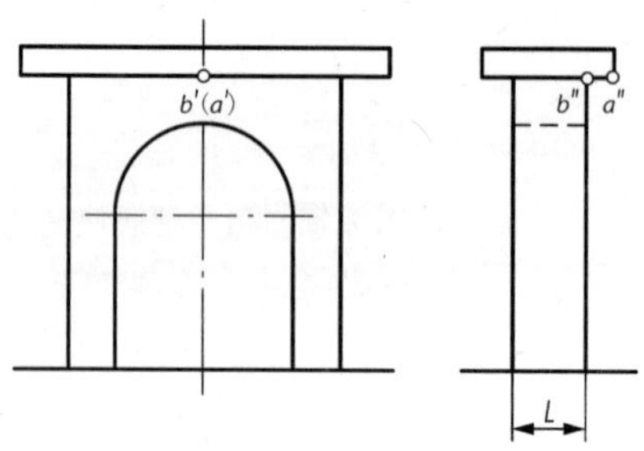

图 6－10 拱门的两面投影

【解】 拱门由门身和顶板组成，其正面斜二测投影作图步骤如下：

(1) 先作拱门前墙面的斜二测投影，由于前墙面为正平面，拱门的轴测投影反映实形，如图 6－11a) 所示；

(2) 作拱门后墙面，取拱门厚度的一半，定出后墙面的位置，后墙面的轴测投影也反映实形，但拱门的一些部位被遮挡而不可见，如图 6－11b) 所示；

(3) 作顶板，根据顶板凸出的尺寸先定出点 A 和点 B 的位置，如图 6－11b) 所示；

(4) 画出顶板，整理作图线(不可见的图线一般不用画出)，得所求的结果，如图 6－11c) 所示。

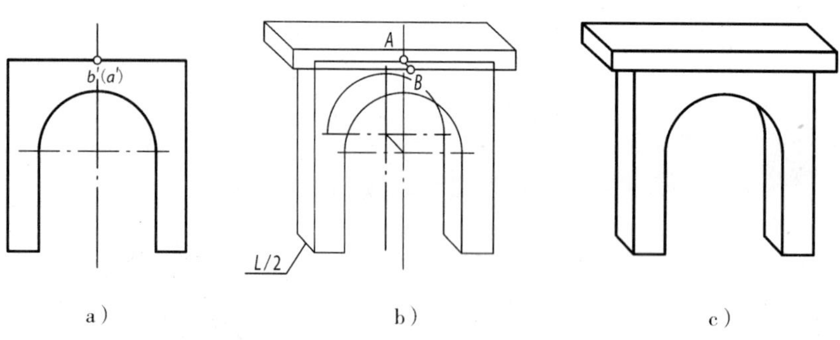

图 6－11 拱门正面斜二测投影的画法